足跡

美容美髮業管理實錄

許瑞林◎著

椰島店長班

椰島店長班

2010年椰島董事長曹聘(左)與執行長許瑞林(右)參觀法國DESSANG沙龍

2010年椰島董事長曹聘(中)與執行長許瑞林(右)參觀法國BIGUINE沙龍

2009年椰島人參觀安捷妤

2010年椰島與台北公會在台北101大樓聚餐

2010年巴黎Dessange 沙龍董事長夫人莎莉(中)與曹總(右)、羅惠珍(左)

湖北仙桃打球

美容學員畢業典禮合影

美容連鎖店經理培訓班學員合影留念

椰島執行長許瑞林（中坐者）與同仁

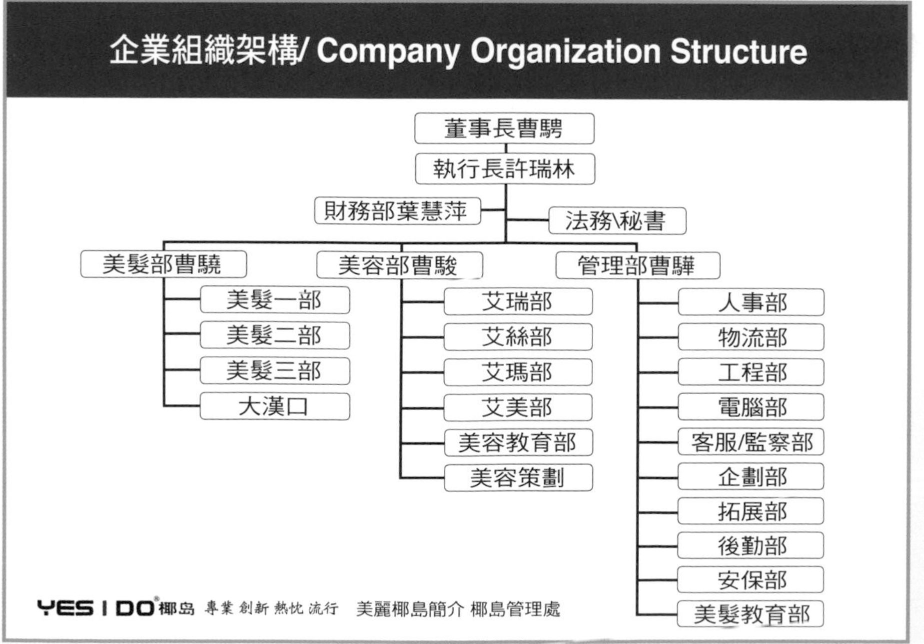

足跡

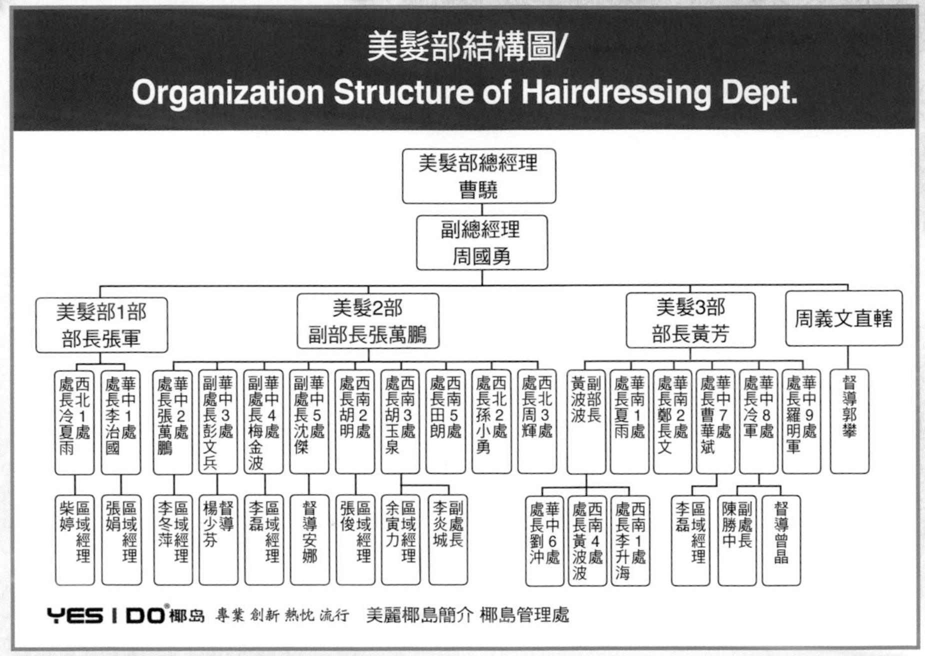
美髮部結構圖/
Organization Structure of Hairdressing Dept.
美髮部總經理
曹驍
副總經理
周國勇
美髮部1部
部長張軍
美髮2部
副部長張萬鵬
美髮3部
部長黃芳
周義文直轄
西北1處 處長冷夏雨
華中1處 處長李治國
華中2處 處長張萬鵬
華中3處 副處長彭文兵
華中4處 副處長梅金波
華中5處 副處長沈傑
西南2處 處長胡明
西南3處 處長胡玉泉
西南5處 處長田朗
西北2處 處長孫小勇
西北3處 處長周輝
副部長 黃波波
華南1處 處長夏雨
華南2處 處長鄭長文
華中7處 處長曹華斌
華中8處 處長冷軍
華中9處 處長羅明軍
督導郭攀
區域經理 柴婷
區域經理 張娟
區域經理 李冬萍
督導 楊少芬
區域經理 李磊
督導安娜
區域經理 張俊
區域經理 余寅力
副處長 李炎城
華中6處 處長劉沖
西南4處 處長黃波波
西南1處 處長李升海
區域經理 李磊
副處長 陳勝中
督導曾晶
YES I DO 椰岛 專業 創新 熱忱 流行 美麗椰島簡介 椰島管理處

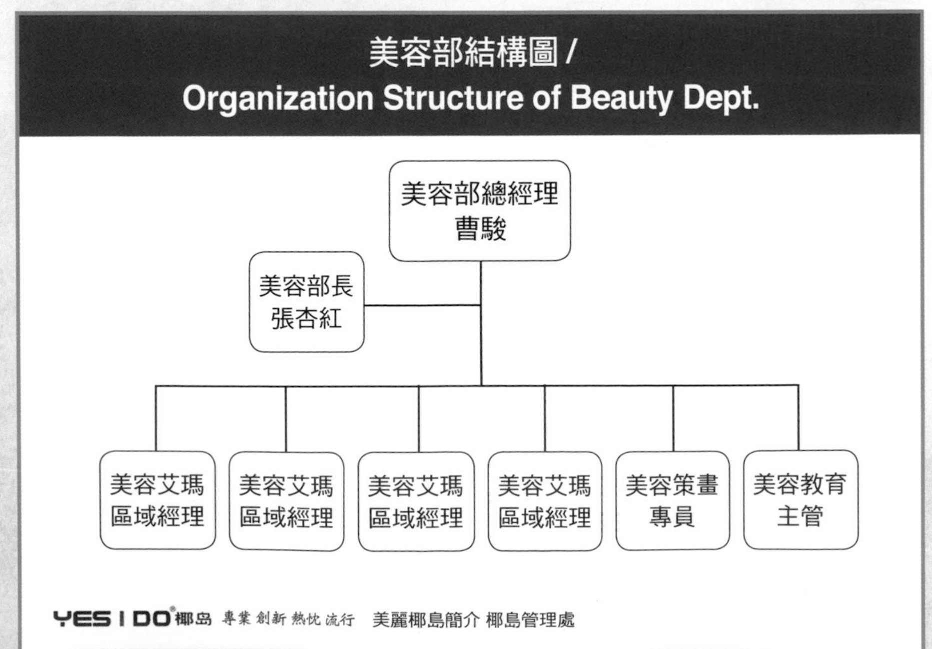
美容部結構圖 /
Organization Structure of Beauty Dept.
美容部總經理
曹駿
美容部長
張杏紅
美容艾瑪
區域經理
美容艾瑪
區域經理
美容艾瑪
區域經理
美容艾瑪
區域經理
美容策畫
專員
美容教育
主管
YES I DO 椰岛 專業 創新 熱忱 流行 美麗椰島簡介 椰島管理處

精幹的美髮團隊必將打造驕人的業績

美髮部（部分）：

・前排左起：彭文兵、李治國、沈傑、李炎城、冷夏雨、胡明、冷軍

・後排左起：夏雨、田朗、梅金波、羅明軍、劉沖、鄭長文、張建軍、李升海、周輝

YES I DO®椰岛 專業 創新 熱忱 流行　美麗椰島簡介 椰島管理處

漂亮的「白骨精」在駿總的帶領下巾幗不讓鬚眉

美容部：

・前排左起：張婷、余英姿、盛蘭斌、曹駿、張杏紅、田甜、袁海豔、但熊

・後排左起：王珍、盛利芳、陶麗娟、鄧霞、朱曉紅、向媛媛、郭清、常明紅、李姍霖、郭蔓、彭萍

美容教育部：

・前排左起：譚愛娥、曹駿、張杏紅

・後排左起：余英姿、彭萍、郭蔓、王珍、但熊、張婷

YES I DO®椰岛 專業 創新 熱忱 流行　美麗椰島簡介 椰島管理處

美髮教育部老師憑藉嚴格、認真、技術卓越
打造一流的髮型師

・前排左起：周義文、秦弗笳、鄧麗君、丁玲、楊麗澤、徐曼
・後排左起：魏玉剛、陳華軍、朱明凱

・前排左起：陳瑤、張周喜、陳華軍、萬成
・後排左起：塗懿、鄧雪蓮、鄧麗君、蔡芳、祁芳、楊麗澤、馮靜、鐘曼、秦弗笳

YES I DO®椰岛 專業 創新 熱忱 流行 美麗椰島簡介 椰島管理處

憑藉專業的財務管理，椰島讓所有股東都可以隨時
瞭解財務明細，這讓股東們更省心，更放心

財務部工作人員：
・經理：葉慧萍
・出納：羅敏
・會計：周俊
・財務助理：趙培

YES I DO®椰岛 專業 創新 熱忱 流行 美麗椰島簡介 椰島管理處

椰島人事部通過兢兢業業的工作，共同創造員工的職業生涯規劃

人事部工作人員：
・經理：張婷
・文員（左起）：張曉璐、馮涓、吳靜、魏瑩、李念明

YES I DO®椰岛 專業 創新 熱忱 流行　美麗椰島簡介 椰島管理處

市場策劃部的專業人員將更加瞭解顧客的需求，並努力滿足該需求

市場策劃部工作人員
・經理：王芳
・文員：劉慶

YES I DO®椰岛 專業 創新 熱忱 流行　美麗椰島簡介 椰島管理處

中層管理人員的素質和能力的提高直接影響椰島的進一步發展

經理培訓班課堂剪影

經理培訓班畢業典禮合影

YES I DO®椰岛 專業 創新 熱忱 流行 美麗椰島簡介 椰島管理處

準師班為椰島的發展注入源源不斷的技術精英力量

準師班師生合影

YES I DO®椰岛 專業 創新 熱忱 流行 美麗椰島簡介 椰島管理處

盛大的椰島髮型秀展示了椰島的實力

椰島髮型秀現場（光谷秀、成都秀）

YES I DO®椰岛 專業 創新 熱忱 流行 美麗椰島簡介 椰島管理處

椰島店長團隊前往臺灣參觀學習（2009年9月）

曹總與曼都髮型永和店吳經理

YES I DO®椰岛 專業 創新 熱忱 流行 美麗椰島簡介 椰島管理處

美容店長（50人）巴厘島之行：獎勵椰島美容部順利完成預期任務（2009年10月）

整裝待發

成員在當地特色酒店合影

渡口，準備出海！

YES I DO 椰島 專業 創新 熱忱 流行　美麗椰島簡介 椰島管理處

大漢口旗艦店——全國最大面積的美髮單店

大漢口店

- 開業時間：2009年7月4日
- 地址：中山大道539號
- 面積：1000米^2
- 平均客量：300人/天

椰島大漢口店被武漢商會授予：武漢市品牌門店

YES I DO 椰島 專業 創新 熱忱 流行　美麗椰島簡介 椰島管理處

椰島大漢口店歡迎您

大漢口店的開幕典禮（2009年7月4日）

YES I DO®椰岛 專業 創新 熱忱 流行　美麗椰島簡介 椰島管理處

椰島美髮被評為建國60年湖北美妝市場「標誌性美髮造型機構」

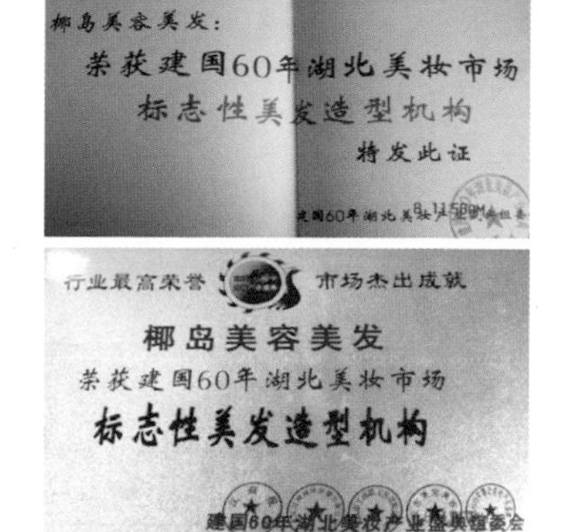

荣誉证书

椰岛美容美发：

荣获建国60年湖北美妆市场

标志性美发造型机构

特发此证

行业最高荣誉　市场杰出成就

椰岛美容美发

荣获建国60年湖北美妆市场

标志性美发造型机构

建国60年湖北美妆产业盛典组委会

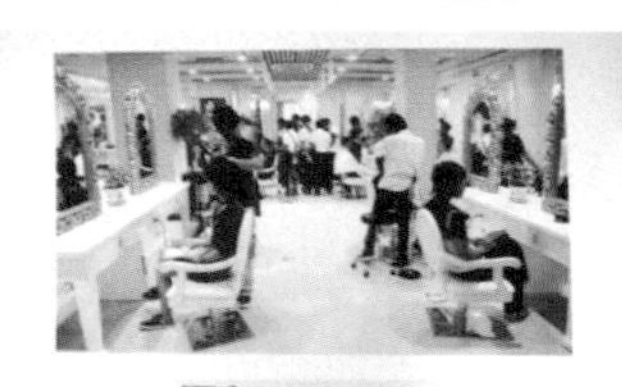

椰岛YES I DO

[illegible]

YES I DO INTRODUCTION

[illegible] building, Jianghan road, in the center of Wuhan. [illegible] including 110 hairdressing stores and 50 beauty stores, [illegible] Wuhan, Shenzhen, Shanghai, Qingdao, Chengdu, Chongqing, Dongguan, [illegible] held plenty of fashion show successfully with high quality of technique. [illegible] and outstanding brand image.

[illegible]

YES I DO®椰岛 專業 創新 熱忱 流行　美麗椰島簡介 椰島管理處

YES I DO® 椰岛

椰島企業簡介

椰島（YESIDO）造型創立於1992年武漢，是中國一家集美容、美髮、美體、美妝、美甲等核心業務為一體的專業連鎖企業。目前，椰島直營門店遍佈武漢、北京、上海、重慶、成都、深圳、西安、貴陽、昆明、蘭州、太原等各大城市，椰島人秉承「專業，專注，工匠精神」的經營理念，正以其高度敏銳的時尚觸覺，超凡精湛的造型技術，貼心熱忱的專業服務，服務著數以百萬計的會員客戶，充分彰顯品牌的時尚精神。

「讓中國人美麗起來」是椰島品牌的發展使命，最終目標是踏入全球頂尖時尚造型和美容護理的行列，為時尚潮流發展做出貢獻！

YESIDO椰岛造型

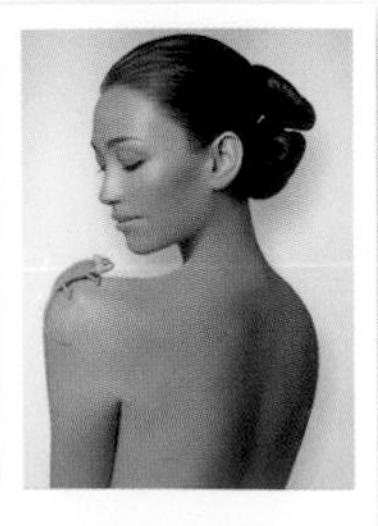

YESIDO椰岛美容

從單一到多元

從美髮，到美容，到多元集團化發展，椰島始終堅持專業專注的工匠精神，堅持對得起每一個顧客。椰島的每一步都和顧客一同成長，每一次的拓展和蛻變都出自為了守護美麗夢想的初衷。

椰島的核心價值觀：專業、專注、工匠精神

椰島的經營理念：專業、創新、熱忱、流行

椰島的發展規劃：
- 成為中國美容美髮行業標杆企業
- 多產業集團化發展
- 成為中國最受歡迎的時尚企業
- 成為中國美容美髮最強大的產業集團之一

Brand Positioning
公司品牌定位

中高端定位品牌

- 市場滲透，廣泛開店
- 服務整體升級

AMMA艾玛造型

高端定位品牌

- 門店設在高端商業中心
- 專業、個性服務，VIP服務

高端定位品牌

- 門店設在高端商業中心
- 專業廠牌授權

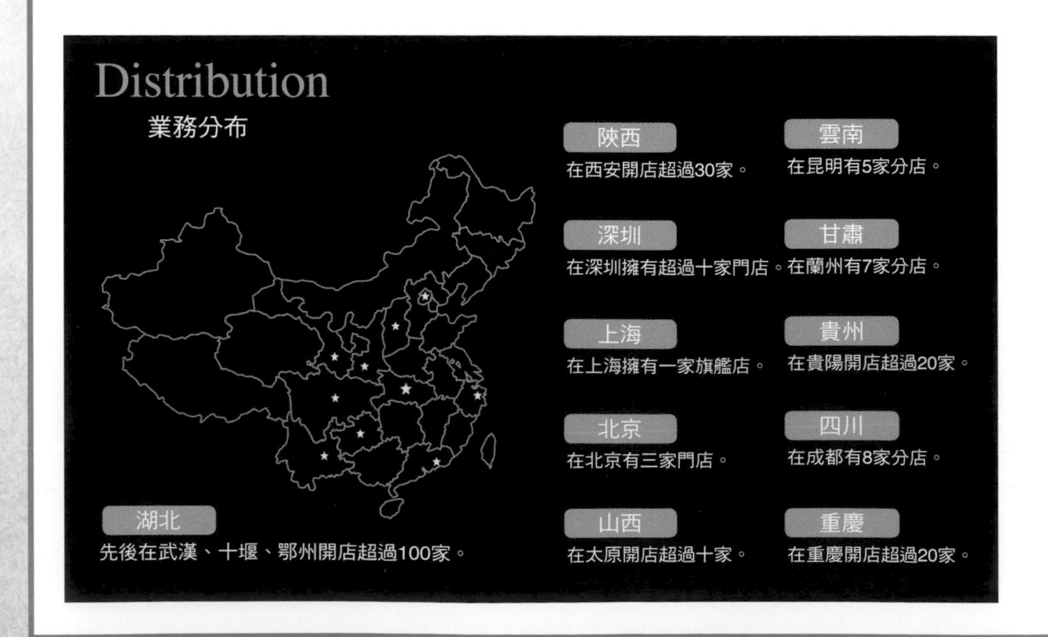

YESIDO椰島成立於1992年，迄今全國展店379家，是國內知名的時尚企業，經營項目涵蓋了美容、美髮等各類時尚美業範疇。

目前，YESIDO椰島直營門店遍布武漢、北京、上海、重慶、成都、深圳、西安、貴陽、昆明、蘭州、太原、銀川、南昌等全國各大城市。

椰島人二十八年來，一直堅持「專業，專注，工匠精神」的經營理念，服務著數以百萬計的會員客戶。

「讓中國人美麗起來」作為YESIDO椰島品牌發展的使命，集團致力於踏入全球頂尖時尚造型和美容護理的行列，為中國的時尚潮流發展做出貢獻。

歌兰秋莎美容 GRAZIOSA
YESIDO PROFESSIONAL 椰岛美容
歌兰秋莎美容 GRAZIOSA
Bejoined
YESIDO PROFESSIONAL 椰岛造型
Dussein 德颂吉造型
@me 艾弥造型
YESIDO'S
ARLENE SALON PROFESSIONAL

1992年
第一家椰島直營分店
開始在武漢營業

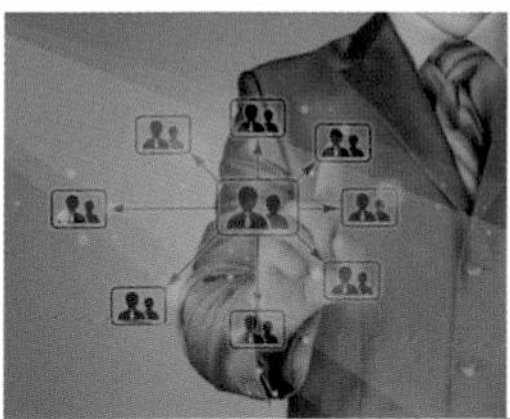

2003年
建立連鎖模式、基本體系
以及連鎖管理架構。
全面試行「分店股份制」

2007年
成立YESIDO椰島教育部
開始開拓外地市場

2010年
開始規模性兼並收購
開展與華中科技大學的合作，
成立椰島大學

2013年
分店數量突破300家
在琴台大劇院成功舉辦
「椰島之夜」大型髮型秀

2019年
分店數量突破400家
進入信息急速發展年
線上品牌地位得到提升，線上線下共同發展

2009年制定椰島企業發展戰略

企業發展分4期

創業期：1～10年

成長期：11～20年（連鎖3S/展店/獲利/準備上市）

成熟期：21～30年（成立集團/上市/培養接班人）

穩定期：31～40年（交棒第2代）

目前已進入第二階段的成長期，計分「3-3-4」階段進度發展：

第一階段3年

健全連鎖體制3S：標準化/制度化/數字化

發展大策略：以華中/西南/西北為主，華南為輔，穩建發展及獲利

標準化

1. 公司組織表/企業文化/理念/工作職責/教育訓練師資培育/技術培訓教材
2. 公司申請註冊成立/股份分配（書/卡）份
3. 商標註冊/授權/產品
4. 成立技術研發小組

制度化

1. 會議管理/晉升考核標準/人事管理規章/各店租賃合同管理/安全管理
2. 各級職人才培育/與學校建教

3. 工程監理設計管理
4. 法務室成立
5. 成立工程監理設計

數字化

1. 財務報表健全/財務資金運作/獲利25%/卡金/折舊裝修費
2. 3年×年開店50家=150家
3. 客數量化&質同時並進
4. 關係企業體質調整
5. 股東大會/董事會成立

服務化

第二階段3年

穩健獲利20～23%/全面實施SQ提升服務質量/奢華硬體風格/器材產品升級/人力來源

發展大策略：進軍華東/華北區/發展縣級城市

1. 財務資金運作/創業貸款
2. 3年×年開店50家=150家
3. 新品牌成立
4. 各級職人才培育
5. 與學校建教合作/鞏固人力來源
6. 產品公司成立

第三階段4年

穩健獲利18～22%/多品牌經營/集團公司成立將全國分事業部

發展大策略：上市/進軍國外市場/發展縣級城市

1. 財務資金運作
2. 準備多元化前置作業
3. 購買辦公大樓
4. 各級職人才培育
5. 3年×年開店50家=150家
6. 新品牌成立/收購同業
7. 成立黨支部工會

長風破浪會有時，直掛雲帆濟滄海

團隊管理已成為企業管理中一種重要的形式，運用團隊來完成任務已成為企業的普遍現象，但是，管理者最大的痛就在於缺少一支高效的團隊。既無精兵，也無良將，那麼企業肯定無法在激烈的市場競爭中脫穎而出。

算起來我和許老師相識已十年有餘，初認識許瑞林先生是在十年前北京清華大學的EMBA課上，他對美容美髮這個行業的經營理念及對未來發展趨勢的見解與我不謀而合，於是我再三邀請他加入我們的團隊，而他也愉快地接受了這份邀請，從此我們亦師亦友的關係直到如今。

在許老師加入團隊之時，椰島已是初具規模，隨著公司的快速發展，各種管理上的缺失也突顯出來，建立一套科學化的管理體系就顯得尤為重要和緊迫。許老師在這方面系統性的做了大量資料化調研，運用了規範化、制度化、品牌化的改進方案，從店面管理流程化到後臺管理資訊化，從店面員工管理準軍事化到提高服務品質等都做了客觀分析，這些在本書中都有詳細的記錄。憑著高效的管理團隊和完善的規章制度，椰島這個品牌在2009～2011年這兩年時間從20家分店迅速擴張到100家分店。

前進的道路上並非一帆風順，困難永遠比想像中要多，但好在解決的方案也永遠比想像中多。初創團隊由於彼此熟悉也彼此信任，但因為沒有形成規範化管理意識，個別骨幹容易受到外界的干擾與誘惑，這也為後來的幾起事件埋下了隱患，「西安事變」就是其中之一，這是我與許老師一起聯手打的漂亮的一仗，事件發生後的第一時間我們奔赴現場，在千頭萬緒中尋找突破口，控制了事態的發展。

這是一起骨幹員工受到主管幹部挑唆，總部對分店管控存在疏漏的情況下發生的一起惡性事件，在這起事件中，某主管幹部教唆與迷惑分店員工，刻意製造與誇大員工對公司總部的不滿情緒，有意識地攪渾水以達到自己改旗易幟的目的。

公司的發展不能停，公司與員工的關係不是水與火的關係，而是水與魚的關係，我們通過各種途徑找到各相關機構和各個分店的骨幹員工，一對一地跟他們做思想工作，在我和許老師不懈的努力下，在我們決不放棄的信念下，分店的員工最終認清了事實，選擇與公司站在了一起。這起陰謀的破滅極大地提高了整個團隊的鬥志，公司也及時調整了管理上的缺陷。

「長風破浪會有時，直掛雲帆濟滄海」，這就是我和許老師一起奮鬥的歲月，看到許老師書中記錄著對於工作的一點一滴，腦海又回想起那激情燃燒的歲月，感慨頗深。我沒有想到這麼多年過去了，許老師依然保留著且整理出以前的工作筆記，那些往事和細節很多都已經跨出了我記憶的邊緣，現在又集中起來「回顧」了一遍，讓我想起很多過去艱辛和美好的時光。

本書通過記錄日常工作的重要內容來展示椰島公司的快速發展和改革之路，既是許老師的個人日誌，也是美容美髮行業的管理指南。感謝許老師的辛勤奉獻，也希望他的管理經驗能成為團隊領導者的成功之鑒，椰島從1家門店到如今360家門店就是例證。相信此書的讀者也能夠感受到許老師他那飽滿的工作熱情和嚴謹的工作作風，從而獲益良多。

武漢美麗椰島美容美髮有限公司董事長 曹騁

2020年仲夏

經營靠計畫，賺錢靠管理

作者許瑞林老師是我多年同事，我非常欣賞他，樂於分享他的知識、才能，很高興他能將知識提供給讀者，讀者只要看書就能買到別人的經驗過程，看到能者成功的模式，他的熱情、夢想、信心、希望，都全然無私心傳承給讀者。

人的價值與使命在於給別人機會，不忘初心，追求成功的道路，從平原走到高峰，又走入谷底，再向高峰前進，隨著環境變化，要在困難中轉型，改變心態和增加新能力，增強耐力，堅持向前行，才會有路。經營企業總要向困難挑戰，路中肯定有很多障礙，都要一一克服前進，要爬上巔峰才會有桃花源。

在前行的路途中，心境要永遠寬闊，且永保信心、堅持歡喜面貌和樂觀。不怨不悔、心無罣礙、信心十足、快樂心境和不斷學習、不斷創新自己的紀錄，持續向高手學習，對自己挑戰，始終追求新目標，堅持目標永不放棄，就能成功。

其實，「最好的貴人是自己，最大的敵人也是自己」，不可中途放棄，否則就會一無所有，回到原點。

賴子曰：「種田錢萬萬年，生意錢眼前錢，手藝錢數十年，機會錢一溜煙，品牌錢可百年。」許老師的經營聖經，規範有條理，要善用要創新，精益求精，「經營靠計畫，賺錢靠管理，發展靠人才」，有人才才有未來，商店／單店經營要：品牌化、企業化、制度化，再規模化，迎接市場優強化，專業有專攻，要敬業，才能永續發展。

小成功靠自己，大成功靠團隊，成功給自己。

賴孝義

曼都國際集團創辦人／總裁 賴孝義

2020年5月8日

在每個細節處努力，才能成為頂級

眼前是《足跡》的書稿，腦海裡卻是一幅幅與美麗椰島夥伴們合作共事的影像。我與許瑞林原是兩個星球的人，一個在商場奔馳的專業經理人，一個是文字工作者，因緣際會，在美髮世界攜手創作，於2001年3月共同出版《法國Salon巡禮》，數年間，他數度到巴黎參訪知名連鎖集團和設計師工作室，巴黎是人人艷羨的觀光旅遊和美食血拚的朝聖地，但許瑞林到巴黎可不是來玩的，更多的是專注於美髮美容品牌的經營管理精神、加盟展店方針和創新設計思維。每一次他來巴黎總是要問倒幾個美髮集團的CEO，腦力激盪的成果是結識國際同行夥伴。

最精彩的是他擔任湖北省武漢美麗椰島美髮美容集團CEO那段時期。2010年3月，許瑞林跟曹騁先生到巴黎參訪，那是我第一次見到美麗椰島的靈魂人物曹騁先生。我安排參訪了德頌吉、卡蜜兒、比金、普沃、大衛、法蘭克等多家知名國際品牌，很幸運，經德頌吉集團創辦人賈克德頌吉夫人莎麗的引介，我們從容地參觀了座落於香榭麗舍的德頌吉旗艦店，曹騁先生話不多，每每問到重點，他眼神清澈銳利，如電腦斷層掃描注意每個細節處，莎麗德頌吉說：「德頌吉名店能成為全球頂級，就是在每個細節處的努力，無論沙龍設備的精緻、動線流暢、設計師專業技術、工作人員質量、清潔服務質量、客人舒適度……」，參訪中曹董事長和許瑞林不斷討論提升企業質量的工作要點，我立刻就感覺到他們兩人有著強烈的互補關係和信任基礎。

曹騁先生特別請賈克德頌吉推薦大師到武漢授課，我居間聯繫並進行同步翻譯，因此有機會實地拜訪美麗椰島，見識了這個美髮美容企業的充沛活力，認識了許多許瑞林工作日誌裡的人物。後來他們組研習團到歐洲深造，我又有更多的機會與椰島高管們共事，當時就發現這一支戰鬥力強盛的椰島團隊有著吸納百川的能量和往上提升的欲望。後來，許瑞林在完成曹董事長所交付的階段任務後離開崗位，椰島團隊起手接棒無縫接軌，無論企業版圖擴張或營運業績成長，都令人激賞敬佩。

這麼多年過去了，許瑞林在椰島時期所建構的管理營運系統，一直是椰島企業運作的核心，當年我所認識的高管們現在個個成就非凡，曹董事長帶人帶心塑造椰島的企業文化，而這個以信任和真誠為基礎的企業文化，更顯現在許瑞林離開椰島多年後的今天。曹董事長對許瑞林的信賴尊重如昔，那是一種袍澤感情和信任。我有幸見證了這一段歷史，也分享難得的真摯情誼。

作家 、亞洲週刊駐法特派記者、資深媒體人 羅惠珍

2020年初夏

感恩

說起我與美髮業的淵源，要特別感謝栽培我20年的曼都美髮公司，謝謝創辦人賴孝義先生、夫人以及現任董事長賴淑芬女士。從1981年進入曼都事業——台灣美髮業的第一品牌，給了我豐富的養分與學習，在專業連鎖管理的歷練方面，曼都惠我良多。

2003年，我進入中國美容美髮業市場，感謝北京華辰管理公司蔣總、易總，安排我至清華大學講授美容美髮業連鎖發展課程，讓我在中國廣大市場上首次發聲。好友林榮茂先生、常子蘭女士的協助下，出版了一系列美容美髮業連鎖經營專書，也讓我的專業能力不段提升，進而增加我在連鎖管理的經驗與專業。有貴人提攜及給我成長的舞台，是快樂開心的，因此才有機會在2009～2011年，接受武漢椰島美容美髮集團董事長曹騁先生之邀請擔任CEO，感恩董事長曹騁先生給我發揮專業的平台，授予我全權負責企業，讓我累積了更多實戰、全國跨省連鎖管理的經驗，實屬不易。

在椰島公司期間，我主要任務制訂執行、企業發展戰略、建構美容美髮連鎖9大系統：

1.企業組織系統：企業文化／商標／CIS／會議／股權／企業發展策略／組織架構

2.營運展店系統：業績／客數／項目開發／客單價／SP活動／定價策略

3.財務管理系統：損益、資產負債報表／資金運作／薪資／資產管理／報銷流程／稅務／資本運作

4.教育訓練系統：準師班／店長班／商業技術／管理／專業／產品／洗護染燙等課程編制

5.人力資源系統：薪資制度／人力開發／合同租賃／培訓／管理規章／股份／晉升制度

6.物流管理系統：美容美髮貨品管理／商品引進研發／配送

7.管理服務系統：行政客服經理／服務流程／工程裝修／宿舍／伙食／環境衛生／會議

8.信息管理系統：企業應用軟體／研發／管理／顧客消費／網購信息數據分析

9.美容管理系統：生活美容／養生／醫美／項目開發／美甲管理／座談會

2012年，在椰島團隊夥伴們同心協作下完成階段任務，離開武漢椰島美容美髮集團。感恩2013年一路曾經聘請我輔導並擔任顧問的全國知名連鎖企業公司，讓我得以發揮美髮連鎖專業。2015年，東莞市美之都美容美髮集團董事長李四海先生引薦我至海勇華城集團，至東莞市名藝世家美髮連鎖董事長鄭金城公司、佛山市FG楓格典美容美髮集團董事長黃昌勇公司，服務至今日，使我得以在全國知名連鎖事業發揮所長，也使我個人的經歷與資歷能不斷地充實與完善。

在椰島工作期間，秘書戴思為我詳實地記錄了個人擔任執行長所有每日工作紀實、談話、會議、計畫、執行工作環節的點點滴

滴，這些既是我曾經走過的足跡，亦涵蓋美容美髮業值得參考借鑒的連鎖經營管理Know-how，武漢美麗椰島公司在曹董事長所帶領的團隊努力、用心經營之下，擁有現今傲人的規模，目前店數：美髮近400家、美容100家、加盟店100家，醫學美容及相關產業亦相繼成立，創造非常好的成績，成為引領時尚、創造流行的時尚產業，足為業界楷模。我離開椰島近10年，在與曹董事長溝通並取得同意後，將我在椰島當CEO的日誌整理出版，為自己這段路程留下記錄的同時，也期待與有緣者分享，有不足的地方懇請業界先進給予指正，不勝感激。

許瑞林

2020年季春于台北

目錄

目錄

足跡開始……

2009

1/月

1月25日

14：00 與石玨廠長、魯豔霞、葉子、石秀娟、小白和Nancy開會

會議主題：店內對毛巾廠的各類投訴

店內投訴問題：

1.店內毛巾不夠用

2.毛巾有異味

3.毛巾有破損

4.毛巾廠態度差

5.店內每次毛巾攤提的費用不一

解決方案：

1.物流部將請毛巾廠再補5000條毛巾周轉

2.從1月開始，毛巾廠每月統計毛巾破損率並上報物流部，物流部計算出每季度的毛巾破損率後傳真給各店

3.毛巾廠文員隨時通知各店毛巾配送過程中的異常情況，如堵車等；同時毛巾廠制定配送路線圖並傳真給各店，以便各店隨時掌握配送車位置

4.毛巾廠石廠長必須培訓配送車司機，要求司機改善服務態度，並協助店員搬運毛巾

5.物流部每季度根據毛巾廠統計的損耗，傳真各店具體毛巾攤提費用和各店採購毛巾量、實際使用量等資訊

16：30 參加美髮督導會議

1月26日

上午 參加「2009年年度優秀收銀員表彰大會」

下午

1.和周義文、天天、萬成約見施華蔻代表，討論2010年施華蔻對椰島的培訓計畫

2.約見歐萊雅公司代表

3.和蘇平、馮慧討論管理處安全巡查和防火問題，蘇平彙報下店巡查發現的問題

1月27日

上午 參加美髮店長會議

下午 參加處長會議，討論產品供應商歐萊雅所提供合作方案的可行性

1月28日

上午 和James、周義文、周國勇一起約見歐萊雅公司代表

下午 約見施華蔻公司代表

1月29日

1.梅苑店問題會議（店長、經理、處長、督導）

2.參加教育部有關染髮會議

3.襄樊店吃年飯

2009

3月

3月24日

管理處

1.每人每天要寫工作日誌，每周五交予部門主管，再交予執行長秘書，秘書於周一早上交予執行長

2.開展每周會議，以利於各部門各項工作的彙報和研討

財務部

1.總部收入與支出，交損益報表

2.總部的各人員工資表

3.各店業績報表（8月至今），顯示損益情況、收入與支出

4.各店每月完成任務情況

5.財務報銷達到1萬以上需經執行長簽字，1萬以下由各部門主管簽字

6.報銷專案包括手機通訊費、油費等現行模式為自付，之後看是否需要改革

拓展部

1.拓展部劉咏輝經理需適時報告開店速度，最好做到定期開店，在非設定期間不要開店

2.完成整體計畫書，並於一周後上交

① 企業文化、理念

② 全國示意圖（拉線式）

③ 授權契約書

④ 開店計畫書

⑤ 椰島所能提供的軟、硬體設施

3.新店從選址到開業期間所有工程造價要明列出來，包括租金、工程造價、伙食費、技術、薪資、展店訓練等，算出總計和每平方米均價

辦公室

1.辦公區域一定嚴禁吸煙

2.進門要有公司Logo，辦公室佈局指示圖

3.前臺接待需穿制服，並交予一定工作量

4.美髮教育組要安置明顯的門牌

5.各個教室衛生情況要做到量化，並製成表格

6.牆壁上應適當張貼董事長標語

7.下班時，各人整理各自區域，保持整潔

8.沖頭床外的展示櫃需要重新整理，並開啟燈光

9.辦公室人員要求上班化淡妝，有必要時會訂制統一制服

辦公室主任

1.所有表格的新建、改動和廢除都要經過執行長簽字認可（若執行長不在，可由馮主任代簽），表格下面要注明製表人、部門、製表日期，並編號歸檔

2.落實授權契約書（注明所有門店的法人代表）

3.落實房屋契約（租賃時間、期限、資金、房東概況、承租人）

人事部

1.各店通訊錄要區域化

2.處於年後的二月份，因此店內助理存儲量過大，支出較大

3.目前與天姿處於合作關係，要學會拓才、育才、用才、留才

4.拓展部的定期開店計畫也有利於人事部的後勤作業和人員配置

5.人事檔案要儘量建立完整，以利於瞭解人員配置情況

6.將總部以及各門店的組織構成製成組織架構表，實行定編（門店面積要規定相應的人員配置）

7.管理處的工資表要求社保和醫保分欄，並製成橫向列印的形式

	張三	李四	王五
基本工資			
績效獎金			
交通補貼			

8.所有發出的令、函、呈，都要經過執行長簽字再發送出去（包括會議通知）

9.收集各部門工作人員的工作職責和範圍

10.短期內不能再增補管理處工作人員

物流部

1.最多的是與經營部部長和產品代理商之間的溝通

2.現在儘量在做成本控制的工作，並試圖根據店內情況協調高端產品和低端產品直接的比例

3.老師要對公司引進的新產品作深入研究，完全把握住新產品的使用，才能更有效提高新產品在門店的使用及銷售狀況

4.四月開始全面整理所有發放到各店的物品，包括價格、用量及外賣產品，嚴格控制各店在外自行購買產品，如皮筋類的小物品做到以最低進價發放給店裡

5.產品一定要和業績掛鉤，要看到使用什麼產品可以使業績上升

6.爭取以後公司更規模化時，做到前後臺作業，例如所有產品貼上條碼，方便貨物進出

經營部

1.各店完成任務量要製成表格，包括客數、完成數、比例、總業績、店內人員總數、客單價

市場部（郭攀）

1.目前管理8個店，二店和三店因為店很小、客量很少，可能之後會合併

2.主要負責店內服務品質和客裝銷售情況

西門町

1.預備總部和店收入支出損益表，人事組織結構圖和各店人事配置名單，管理處與各店通訊錄

2.西門町方面若有任何需要幫助的地方，我們應盡力幫助

3.財務和教育方面目前是獨立作業，沒有和外賣完全整合，需要進一步瞭解，以利於做必要的改進

3月25日

辦公室

1.對辦公室所有財產配置做一次徹底清查，列出清單

2.將工作日誌表發送到各部門，各部門員工於每周五上交一周工作日誌，各部門主管於每周日上交予執行長秘書

3.教室、管理處走道處張貼標語或董事長語錄

4.每周主管例會現確定在每周一，例會行程由辦公室主任編制成表格，並由其主持會議，大約持續1小時

5.辦公室主任與周工協商後對門禁事宜做進一步商討

6.今日下午召開第一次主管會議，辦公室馮主任準備會議工牌等會議室各項事宜

7.以後各員工最好也佩戴工牌

財務部

1.財務經理交予財務部組織架構，執行長經商討後決定日後會做適當調整

2.針對之前美容部駿總反映有員工想開新店但無充足資金的情況，和葉子做了簡要的商討，看財務部可否利用現有銀行管道

為公司提供一定的貸款

3.節稅是很好賺取利潤的方式之一，因此要從這方面著手

4.財務部要對各種資料完全深入掌握，包括收入、支出和獲利

5.對西門町的財務也要掌握，找出問題以待解決，與西門町的合作目前遇到幾個問題，主要表現在：

① 之前兩個月西門町財務交給我們的財務報表只是結果帳，沒有原始憑據和明細

② 目前是椰島的收銀員去西門町分店培訓他們的收銀員，但派去的人員沒多久都回來了，即使我們這邊給出每人500元的補貼都不行，究其原因可能是我們這邊的收銀員感覺到西門町店是被下派，且在那邊沒有歸屬感

③ 現在葉子一個人負責武漢所有店收銀員的培訓工作，工作量很大，如果再從店裡抽走收銀員，怕影響現在店裡的正常運作

市場部

1.和市場部經理黃芳安排第二天巡店行程，最後決定以下幾店：寶豐路店、大成路店、爵士店、郭茨口店、馬場角店，並準備好業績報表

教育部校長

1.只要願意為椰島開拓市場，總部一定竭盡全力支持

2.在成長的道路中，要引導身邊的人走一條正確的道路

物流部

1.以後只要開新店都要有一份財產清冊

2.交予一份清單，包括所有廠商名單、產品名單、店用工具和器材等等

3.每月的外購產品要列明總數量和金額

4.給店裡提供物品時儘量給予較少的選擇，並減少選擇數量

5.為店裡配備產品一定要根據投資額來決定

6.天然氣、熱水器之類原屬工程部的工作範圍，現正式劃分給物流部，相信物流部可以做好的

7.現有3支施工隊

Lawrence

1.一定要選擇認同我們的合作團隊，否則情願不要接納，寧缺勿濫

2.我們首先要做的不是要做大，而是要做強，先想好我們的目標，才能知道我們要什麼

3.新店要開，但是要有調整性的穩步進行

4.人才培養方面要學會互通，每個人不僅要做好自己現有的工作，還要能夠做好其他方面或部門的事情，成為全才，現在我們的店經理和店長培訓方面還很薄弱，一定要按計劃找出適當的課程進行培訓

5.組織架構圖要重建

16：00～17：00 第一次主管會議

1.主持點名（總人數24人，實到20人，出差4人）

2.曹總發言

3.執行長講話，分為以下幾大點：

① 現代企業精神

② 企業的現行原則

③ 科學管理是計畫、實踐和檢討的不斷循環

④ 公司每個人代表公司，從顧客獲得的個人信用也是公司信用

⑤ 一個人經由其職業而成為一等一專業經理人的志願

⑥ 我們的應有態度
⑦ 我們的才能體現
⑧ 我們一定充滿活力，我們一定非常健康，我們一定非常快樂

4.確定以下事宜安排
① 每周五各員工上交工作日誌，主管周日上交
② 周五上交各人工作職責
③ 盤查所有店並列出清冊，包括店面面積、租金、人員配備、寢室大小、租金等
④ 以後每周一14：00～16：00為主管例會及各部門工作報告（若主管出差等特殊情況要有代理主管參與，切不可缺席）
⑤ 從4月開始，著手年度計畫表的書寫
⑥ 企劃部首要工作要收集董事長語錄，張貼於各教室，傳遞椰島文化
⑦ 規定以後只要開新店，董事長或執行長一定要蒞臨現場進行剪綵儀式，並以快報的形式傳真到各店

與西門町的對話

1.椰島和西門町的文化差異等造成了雙方員工暫時無法融入對方，影響了工作的正常運作
2.精研系統暫時還很難過度
3.希望把西門町的財務劃到椰島，但西門町方面表示如果這樣的話當初就不會合作
4.目前西門町給椰島的是結過帳，沒有明細帳，這樣給椰島的財務造成了很大的煩惱，也造成雙方資源的浪費
5.雙方目前簽署的協議感覺和沒簽差別不大
6.椰島和西門町的合作到目前為止沒任何效益，且每個月還要自負虧損

最後商討決定：

1.雙方有無合作必要

2.由西門町總部派1人到椰島接受培訓，再回去培訓西門町的員工

3.每月的財務報表一定要有收支及虧損明細——西門町目前是由各位股東分攤盈虧，而椰島是由總部統一管理

電腦部

1.為門禁做準備工作，畫出管理處方位示意圖

2.想辦法解決此方案中可能遇到的困難

美容部

1.美容六店美容顧問馬琴、十七店店長羅志榮在3月期間不按照公司策劃，私下做買贈活動，造成惡劣的影響，但出於是本店過失，其收入不作充公處理

2.作出如下處罰決定：

① 店長馬志榮處罰1000元

② 美容顧問馬琴處罰500元

③ 美容部長張杏紅處罰1000元

④ 美容部總經理曹駿處罰1000元

⑤ 若下次再犯，對馬志榮和馬琴做出開除公職決定

3月26日

企劃部

1.在八月的百年慶典，協助人事部張經理做企劃案，尤其在企業形象方面

2.對四月份的活動計畫要做前期概況瞭解

3.區分行銷和促銷
4.針對Marks的實習生身份，先不要盲從做計畫，首先要對各方進行瞭解，多看多想多學，要眼看手記，放空校內的書本知識
5.目前全國的店很多方面還沒有統一的標準，但企業在發展過程中不會是一帆風順的，這些都是必須經歷的，所以一開始不要只想去做大的改變
6.店的營運和生存空間是總部的生存前提
7.每做一件事情，落實到位才是最重要的

人事部

1.人事部對新進人員要多關懷，多開導新人
2.下月準備舉行一個義剪活動，組織部分設計師到老人福利院去給老人義務剪髮
3.工作日誌和考勤記錄要結合
4.公司組織架構要細化，店要分為新店、正常店和非正常店

防損部

1.主要職責為防火防盜，維持教室秩序，各店水電等事宜
2.解決店內安全問題
3.最重要的是怎樣擔負保障企業安全的責任和使命

客服部

1.美髮客服現有4名文員，3人負責電話回訪，1人負責後期各類表格的製作和統計
2.美容客服現有1人，主要負責產品回訪，四月份要兼顧美容部文員田甜的工作

巡店行程

26店（大成路）

1.業績平平，下達之後三個月內每天6000元的業績指標，確保每天的燙染護絕對不能為零
2.所有助理都掛燙染師的牌
3.地面衛生有待改善，尤其是廁所地面很多陳年污垢一定要刷
4.器材是否有定期保養及清潔
5.店內產品是否有購買日期、顧客記錄，對顧客長期未用是否有追蹤等等
6.染膏全掛在店內很不雅觀
7.員工存包區應設窗簾，不要暴露在外
8.落地式玻璃需要清潔
9.打卡機、計畫表之類的店內使用物品不要放在收銀台
10.門面要做適當裝飾，門檻的清潔也要注意
11.站門人員的儀表儀容一定要注意，髮型、工服、表情、語氣都要多加練習，門口的衛生包括公共區域的清理，切不可在門口抽煙

17店（郭茨口）

美髮部

1.此店業績一直不錯，但店長最近忙於找新店，所以業績有所下滑，以後要嚴格控制此類事情發生，找新店讓相應部門去做，切不可因此有損老店的業績
2.門口衛生包括公共區域一定要做好
3.產品價格一定要有明確、明顯的標示
4.店內若有活動，要做相應的配套設置，給顧客一種視覺衝擊，

例如此店這次做歐萊雅的活動，連鏡貼都沒有

5.員工休息區的衛生有待改善

6.空調啟用後，天天用就要天天洗

7.譚霞、麥林是這個店的骨幹，業績也一直領先，在店裡也帶領新人

美容部

1.牆角衛生有待加強

2.微波爐要放置在高處，之後要配個架子

14店（寶豐路）

1.許可證要框起來，掛在收銀台顯眼處

2.店內用各類公文不要貼在收銀台處，包括通訊錄之類的

3.針對顧客的告示牌要放在收銀台顯眼處

4.產品販賣要放在門口顯眼處，貨架要清潔乾淨，而且要注意貨品和貨架要對應，不要用A貨架放置B貨品

5.店內植物丟掉，要麼就擺放茂盛完好的植物，要麼就不要擺

6.地面太用力刷，櫃子已經有些破爛，要重新裝

7.沖頭房太封閉，夏天會很悶熱

8.流水牌太大，起碼要縮小一半

9.店內人員一定不要在門口吸煙，不要在門口停放車輛，區域衛生要做好

10.員工一定要做造型才可上班，工服要穿著整潔

11.門口的銀聯牌要重裝，不要掛在高處的角落裡，改到大門側邊顯眼處

43店（爵士店）

1.門口玻璃下面全是垃圾和髒物

2.公文、打卡機不要貼在收銀台，許可證裱起來掛在收銀台顯眼處

3.轉角樓梯下全是垃圾和非常用物品、工具

4.植物丟掉，垃圾桶要換成帶蓋的

5.椅子、沖頭床、通風口等地方清潔完全沒做，只做表面工作，還沒做好，地面要徹底刷乾淨

6.每件物品都要放在該放的地方，不要東塞西藏的

7.裝修風格和道具要有利於清潔，珠簾、鏤刻窗之類的對清潔存在很多弊端

8.展櫃上不要放店內用的，要放外賣產品，且當期的活動產品一定要放在收銀台等顯眼處，配備貨架、例牌，展櫃不要裝得太高，要方便顧客觀看

9.所有產品要徹查一次，長期未用的要對其顧客進行追蹤，若追蹤不到又已無用的要丟掉

10.店內用的黑板等不要放在營業區

11.染膏不要在外面掛一排，找盒子裝起來

12.廁所燈光太暗，也無芳香劑，有異味

13.店內人員毫無造型及妝扮可言

新店開業

1.西安5店下月開張，曹總會蒞臨

2.舉行剪綵儀式

3.外地等各部送花籃（黃芳辦理）

市場經營部

1.以後的業績報表一定要加上日期、星期和客單價

2.對每個店每月要定一個辦卡數額，激勵店內辦卡，要實現賣卡數大於消卡數，但目前我們是消卡數大於賣卡數

3.店內要實行3S制：標準化、制度化、數據化。對各店要做一個

清冊，包括店面大小、租金、時限和日期、人員配置（入職日期、職務等）、寢室大小、租金等

4.門面的視覺衝擊效果要加強

5.時刻注意周邊商圈的環境變化，例如周圍門店的開關情況

6.每次巡店要製作巡店記錄，並交由主管簽字上交

7.月底跟催業績報表，以示對店內的鼓勵和要求

8.在不影響大架構的情況下，之後一二部會朝合併方向改進

9.每個新店的選址都要親自過目

教育部

1.以後所有人員到管理處學習、上課之前都要做服務流程培訓，檢查儀表儀容

歐萊雅

1.以後的活動要配給我們相應的展架、海報等周邊物品

2.貨款問題一直是很讓我們頭痛的，讓財務做帳方面也遇到一些阻礙，希望能夠和其他產品公司一樣，讓我們定期結帳

3.之後做好年度計畫，定下當年的幾大項，在活動之前就做足準備

4.對此次髮源地被曝光使用假歐萊雅產品一事要追蹤後續事宜，申明椰島使用的是正品

5.希望之後可以組團去巴黎參觀歐萊雅總部

6.下次月會初步定在5月初，大概在5.4～5.10

西門町

1.限期折扣券方案暫時擱置，實施後的有效性不大

2.參考歐萊雅公司的積分制，可以先找試點進行，若有成效再推廣，不要一開始就做全面推廣

2009

4/月

4月20日

14：00～16：00 工作彙報

美髮經營一部——James

1.高雄店與香港路店是兩家老店，但是店面很小，業績也一直做不起來，因此正在香港路附近尋找新的門面，將兩個店合併成一個大店

2.萬松園店的美容店長在美髮門店內謾罵美髮店長——交予美容部駿總解決

3.根據各店的業績情況和店長的領導能力，做適當的店長區域、門店調動，如黃岡的張華調到咸寧

4.梅苑店原店長陳明因總部無法提供新展店給他，因此挖角一行30多人去長沙自行開店，梅苑店原副理李磊比較有能力，也隨其去新店，但承諾之後會回椰島

5.郭茨口店店長冷軍因要開光谷新店，提議趙飛升作郭茨口店店長，並入股，但暫時被James否決了，希望趙飛先把業績做起來再做調動

6.椰島原教育組劉鎮瑞老師暗地挖角，一夜之間在十堰開了7家店，緊鄰椰島，形成強大的競爭

7.已經從一知名美髮機構聘請了一位老師，之後馬上會到椰島教育組報到，具體資料暫時保密

美髮經營一部——張軍

1.制訂4.20～5.20的活動方案

2.西安區域與美奇絲公司合作洽談

美髮經營二部——Lawrence

1.沈老師的培訓課程安排

2.三款商業髮型的推廣，但一定要靠店裡嚴格監督

3.表格的執行：吹花記錄表、不指定女客表

4.經理培訓擬定於5.19～21，為期三天，屆時執行長將出席

5.與四川成都標榜美容美髮學校洽談合作，該校已派出一行共8個人到椰島報到，每位都有大專文憑

6.重慶新店的前期籌備，地處核心地段，且房租很低

美髮經營二部——周國勇

1.4.20將巡8家店，之後參加貴陽新店的開業剪綵，23日回漢

2.馬場角店的一名設計師要求調到光谷店，但被否決，往後要調店須提前3個月申請

3.理工大的店長能力不錯，調去協助群光店，但工資待遇造成問題

美髮教育部——周義文

1.對於之前決定上技術課前要布達企業文化的要求，希望企劃部先製作出定本

2.安全教育正在進行中

3.沈老師的課程順利完成，之後會收到沈老師的授課報告和材料

4.新店的培訓狀況用具體的表格衡量，每個店都有一個負責人

5.新店開業後技術的後期跟蹤

6.常規課程的安排

企劃部——劉慶

1.新店的門頭設計和定案

2.4.20～5.20活動方案的文宣設計和製作

3.美容部相關文宣的設計和製作

4.美容部療程手冊的製作

工程部——郭啟勝

1.14家店的裝修正在進行中

2.目前，大漢口的前期投入最大

3.對於執行長提出的易於清潔的裝修風格，內地暫時還不能完全照搬，要想達到臺灣現行的水平，目前的時尚華麗風格必定要作為一個過渡期

拓展部——劉咏輝

1.大漢口店門面的最後洽談

2.香港路選址，目前選擇了香港路菜場的二樓，但業主希望是賣而不是租，因此還需做下一步工作

3.光谷店門前的兩根柱子已經洽談好作為我們的廣告柱

4.經營部兩部部長要協調好武廣店關店的善後工作，目前國廣店店長阿華願意承接武廣店的顧客，但不願接收武廣店店長

物流部——魯豔霞

1.各代理商清單已製作完成

2.美容部員工的新工服已經指定完成

3.新店的前期設備、產品的配送

4.貴陽新店的配貨

5.4.20～5.20燙染活動方案的協助製作

6.貨車不足問題的解決

7.西門町產品之後會從我們這邊同意配貨

財務部——葉慧萍

1.追蹤每店的開支，對不合理開支已對相關人員進行了處罰

2.對西安4店收銀員擅自修改工資表中對自己的扣款，進行了罰款300元和停職20天的處分，經理處以100元罰款

3.在武昌進行了為期7天的查帳

4.上個月一部有3個店虧損，二部有5個店虧損

5.種子老師的工資核算製作之後會做適當調整

6.正在從老店的優秀收銀員中挑選4名收銀員為大漢口店做準備，兩個人一班

7.各店的形象設計支出必須經過財務同意

8.29～31日將有第六批收銀員報到

9.對外地店要抓緊財務監察

10.上個月機票支出高達3萬7千多元，之後要嚴格控制——設定什麼情況下才可報機票費用

11.新店股份的分配既沒有分配表提供給財務部，也沒有任何資金流入

防損部——梁俊

1.防損部人員工服已經落實

2.巡查了23個店的衛生、消防和工作餐、寢室等問題，情況不錯

3.外地來漢50名員工的住宿安排問題

4.市內店的水電維修

5.廣告傘的放置已安排妥善

辦公室後勤——馮慧

1.管理處財產物資清冊已製作完成

2.工商執照和法人代表清冊已製作完成，並制訂了相應的表格

3.沈老師的食宿及學員的餐食安排

4.姑嫂樹店門口的垃圾引發與城管的衝突

5.管理處所在大廈的物業反映乘坐電梯安全教育已經布達

6.日常的清潔衛生狀況檢查和教室的安排

執行長發言

1.各部門工作彙報要挑重點，尤其是經營部，最重要的是業績報告，財務方面要求損益表
2.總部能力太弱，很多時候沒有站在分店立場辦事
3.要幫助分店順利完成業績目標，提高顧客服務滿意度，配合公司政策制度，各店將店內員工帶好，讓分店對總部沒有抱怨，離不開我們
4.以後資金沒到位就不要開新店——要有明確的開店流程，且首要就是資金
5.組織表重置，配上各人工作職責
6.工程部需要有專人做監察和驗收工作
7.之後三個月的任何款項和支出都需要經過執行長簽字認可
8.各店租約和宿舍租約都要整理歸檔
9.各店財產要做清冊，並規定負責人
10.活動期間的業績要達到平日的200%，明顯增長才能體現活動價值
11.總部的收支一定要清清楚楚
12.各種課程和老師的授課一定要歸檔統一，包括外來老師，必須上交
13.新店的學習一定要回到總部，包括外地店，讓他們感受我們的企業文化，兩者交融
14.設計師的晉升，包括外地的，也要回總部，並頒發證書

4月21日

工作紀要

財務部

1.目前總部的收入是夠支出的，但流動資金很少，已經不足以開新店
2.切記，一定要資金到位才能開新店
3.繼續與銀行洽談，尋找貸款管道
4.一旦出現挪用公款的現象，相關人員一律作開除處理
5.取消店內招待費和頭模等工具的費用借支
6.施工預算款經過執行長簽字認可才可放款，其他費用若執行長不在，可由財務部經理葉慧萍代簽
7.工程款要等驗收單全部核對完成才可付款
8.一月做一次財務分析，包括總部的資產負債表

物流部

1.各門店門口不要有過多產品廣告，使用何種高端品牌可以在門口貼小標示牌
2.毛巾印製LOGO位置的考量，印有LOGO的腳踏墊的制訂
3.醫學美容要做否，現在還沒有達到要求
4.美髮10個A類店改用臺灣芝彩洗髮水成本偏高，正在試用其他洗髮精以便日後取代芝彩
5.產品運輸也要考量成本

美髮教育部

1.三日內作出年度計畫表
2.學員不做造型不許上課

企劃部

1.採訪越南行主要人員兩名作為下期《椰島風》的專訪板塊，新店開業放在首頁、年度計畫表的製作
2.之後新的管理處組織表要配上個人照片
3.各分店要知道總部各部門和主管的電話

4月27日

14：00～16：00 每周一主管例會

工作紀要

美髮教育部&美髮經營部

1.燙染技術解決方案

周義文：外聘老師，分配到經營兩個部各5個，下店帶技術，包括新店的培訓

執行長：

① 分店派出優秀燙染師到管理處經過1～3個月的培訓，再下店培訓分店燙染技術，形成交叉培訓學習，穩步提高，儘量不要外聘，利於傳承椰島自身的企業文化和技術
② 教育部老師每個月抽出一定時間下店指導，但一定要有計劃的進行並寫出年度計畫表
③ 技術型人員與非技術型人員要分開招聘

2.設計師的晉升

① 一定要通過嚴格的考核，有專業的評審，將各項考核內容標準化，並製成表格
② 對於通過考核，成功晉升設計師的人員，要為其頒發畢業證書（有董事長、執行長的簽字，公司的鋼印等，由董事長或執行長親自頒發），並舉行畢業典禮

管理處組織架構的變更

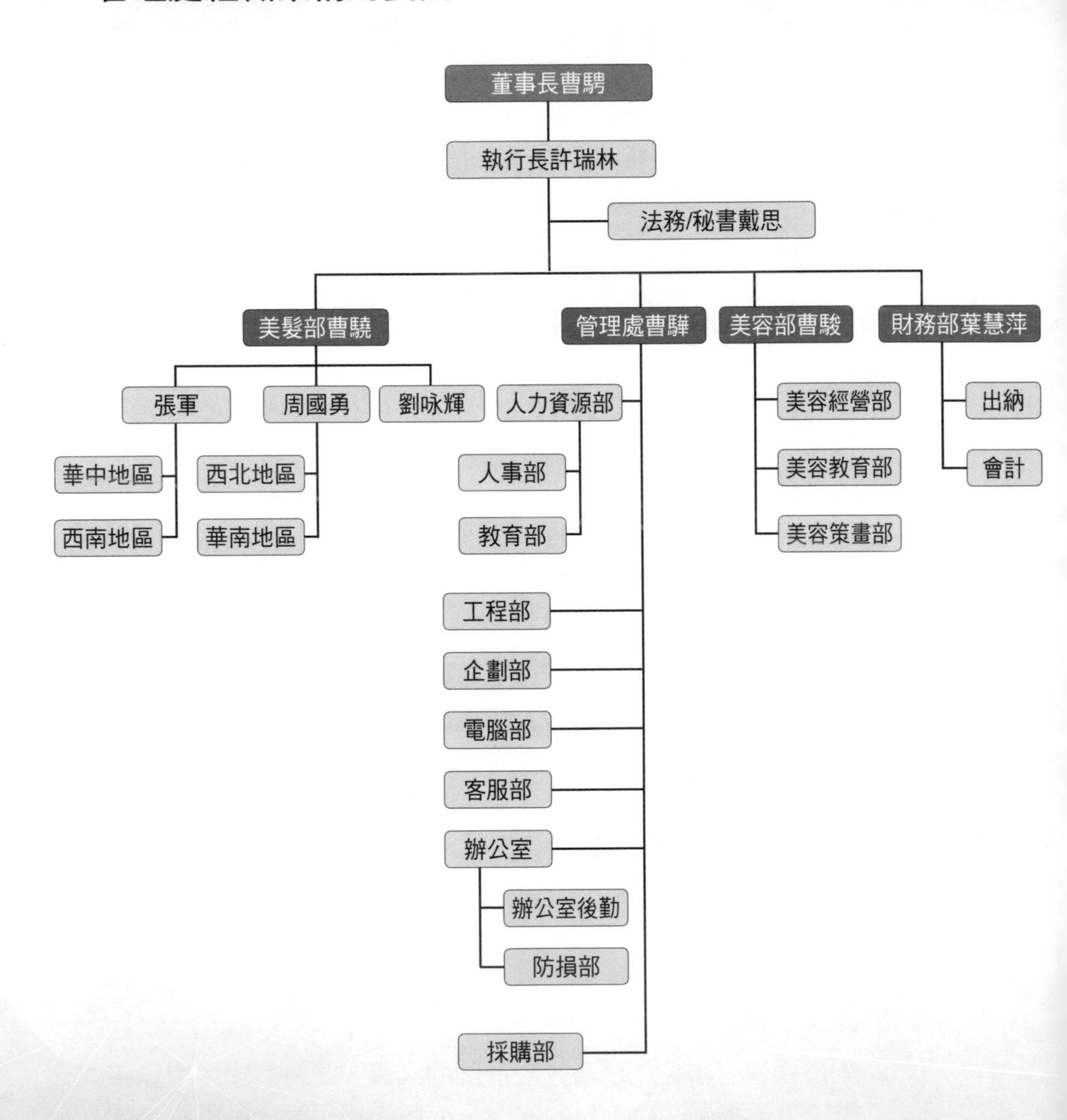
董事長曹騁
執行長許瑞林
法務/秘書戴思
美髮部曹驍
管理處曹驊
美容部曹駿
財務部葉慧萍
張軍
周國勇
劉咏輝
華中地區
西南地區
西北地區
華南地區
人力資源部
人事部
教育部
工程部
企劃部
電腦部
客服部
辦公室
辦公室後勤
防損部
採購部
美容經營部
美容教育部
美容策畫部
出納
會計

執行長工作紀要

參與部門	4月21日
辦公室後勤	1.公共區域的衛生狀況，包括走道、牆壁、沖頭房、垃圾房、前臺、廁所（男女需分開） 2.辦公室外「形象不佳」門牌換掉 3.會議未出勤記錄表及未交工作報告清冊
工程部	1.光谷店鏡臺內管線沒穿管 2.用作店販的展示架不要太高或太低，並靠近門口，便於顧客觀看 3.留足夠的空間修建廁所（燈光明亮、清新劑、通風）和員工休息區域 4.店內地面要採用明亮的色系，燈光要黃白成比例 5.空間分布要合理，一定的面積只許放置相應數量的椅台 6.沖水房一定要用好的防水板 7.所有開關都安裝在收銀台，統一控制 8.各店工程要上交各項報價明細表 9.新店若資金不到位，寧可不開
美髮教育部	1.以後開店要有計劃進行（特殊情況另作安排），製作年度計畫表 2.選址要經過執行長認可
拓展部	1.保持教室清潔衛生，並制定清潔考核表，若再有毀壞則對老師進行扣款 2.來學習的助理必須統一著裝，由於各人經費問題，統一穿工服 3.廁所衛生1小時一次，派出兩名學生完成（周二～周五，周一由西門町負責） 4.辦公室空間佈置要求：桌椅方位一致；擺書架，放置每期流行雜誌等，凸顯教育組文化氛圍 5.要求老師每月閱讀一本勵志書籍，並事後開會分享 6.列出助理和設計師每月需要的書籍清冊
財務部	1.所有支出報銷先經過葉子核准審批後，再由執行長簽字認可方可生效執行 2.若執行長不在期間，由葉子代簽（新店工程款除外） 3.以後新店開張要有明確的撥款流程

執行長工作紀要

參與部門	4月21日
辦公室後勤	1.管理處衛生環境問題得到了一定的改善 2.組織每周例會 3.抽查部門工作日誌 4.妥善安排員工住宿及安全問題 5.繼續抓緊各類租約、合同的分類歸檔
美容部	1.當今市場變化很快，員工要想在公司成長，首先要認同公司的企業文化和理念，從各方面積極地配合公司，對公司要充滿愛，這樣才有動力 2.原安婕妤廣州公司的吳婷正式加入椰島團隊，其權責有待商討和觀望 3.組織架構圖要馬上做出來
美髮營運部	1.組織架構圖的製作（工資待遇） 2.今後各分店逐步實行劃卡制 3.營運部每月一次例會，大概為期1天，先學習再開會 4.市場部改作經理部
美髮教育部	1.教材加速分類歸檔 2.美髮小手冊的初稿製作 3.美髮培訓養成技術護照的初稿 4.種子老師的工資問題
財務部	1.老師的耗材問題 2.教育產品領用表格的修改 3.店裝費用一定要嚴格控制
Mars	1.腳踏墊的製作方案 2.協助企劃和採購兩個部門的工作 3.《椰島風》的風格改版 4.借由友誼南路事件在下期刊物上寫篇報導，關於員工如何保持身體健康

2010

5月

執行長工作紀要

參與部門	5月5日
拓展部	1.在未來3個月裡已定還有3～4家店要開，南寧是否要開由曹總定奪 2.長沙、武漢的家樂福開店事宜 3.分店的衛生許可證和工商執照一定要辦好，並掛於店門口顯眼處 4.仙桃有4家店在商談中，有100多位員工，觀望其員工戰鬥力。但若合作後，對方希望和我們一起發展南寧市場 5.授權契約書的修訂 6.青島市場有待考察 7.以後新店入股一定要收折舊費，可以按具體情況分幾年扣除，主要以方便公司的資金流動順暢
美容部	1.區域經理的提升問題——不用畏懼，看準後勇於用人，幫助其取長補短 2.組織體系的變更，將分店重新打散分配，以求各區域平均，例如薪資可以用業績決定獎金的形式
美髮教育部	1.以後開店要有計劃進行（特殊情況另作安排），製作年度計畫表 2.選址要經過執行長認可
Lawrence	1.商標名之後可以逐漸慢慢弱化椰島，從而強化yes I do，進一步加強椰島的品牌效應 2.我們的法律基礎較為薄弱 3.我們的口碑等不太好，不一定是技術不好，可能是從最基礎的理念文化教育開始就沒到位（網站很爛） 4.先做好自己，完善自己（體制），才能更好的去競爭 5.內聘才是最長遠的目標和途徑 6.架構表的製作

5月6日出差十堰

執行長工作紀要

參與部門	5月7日
企劃部	1.LOGO的色彩選用（黑底紅字） 2.製作印有LOGO的相關周邊，尤其紙巾和氣球等 3.走道展示櫃（放置頭模&卡片注釋） 4.公司手冊（企業文化、理念、創立背景、現狀、所獲獎勵、學習語錄等） 5.年度計畫手冊、促銷方案手冊和開店手冊的參考 6.Mars正在更新網站，並協助手冊的製作和展示櫃的設計
人事部	1.九號華科招聘工作 2.股東合作協定落實，分店要有授權書 3.退股問題（按殘值退股） 4.各部門主管接受聘任書，為期1年 5.彙編組織架構圖 6.匯總區域經理和督導的工作職責 7.培訓學習中的董事長發言要求製成PPT 8.百店慶典事宜的商討
財務部	1.製作分店財產清冊（正在製作中）
物流部	1.腳踏墊的選用 2.毛巾廠廠長應每月月初來管理處參加例會 3.與外面職校的合作通常與產品掛鉤，但這些職校人員流失性很大，且其產品的反映也不大好 4.預計招1名開單員 5.尋求POS系統進出貨方案 6.就近尋找倉庫，同時聯繫宅急便方面，對比哪個更可行
袁總（某預計合作門店）	1.袁總預計美髮店交給我們，美容店自己管理，被執行長否決 2.我們要麼美容美髮一起做，要麼都不做，雙方要一起奮鬥才能達成雙贏 3.建議袁總先嘗試，如果實在不能接受我們的管理，可全託給我們 4.帶袁總參觀管理處，讓他感受我們的環境、我們的文化等

執行長工作紀要

參與部門	5月8日
管理處	1.早上地面衛生情況很不好，清潔阿姨的工作時間有待調整
防損部（參觀員工寢室）	1.寢室嚴禁吸煙，以免造成安全隱患 2.需要裝置電風扇 3.廁所衛生要做好 4.來漢學習人員統一行李，棉被自帶 5.制定寢室規章制度，並張貼於寢室門口 6.住宿費用收取方式要重新審視 7.製作寢室驗收單
成都店臨行演講	1.設計師的首要任務是做好顧客服務 2.中工要做到尊師重道 3.上班期間一定要做好自身造型 4.將自己的愛融入工作中，要愛公司、愛店長、愛同事、愛工作 5.注意宿舍安全和清潔問題
拓展部	1.家樂福的門面洽談 2.新華家園美容店顧客過敏事件多日前已曝光，現顧客要求賠償2000元，經過審視各方情況，我方願意支付600元慰問費，雙方僵持中，無後續，暫時擱置 3.劉咏輝負責統籌新展店開店前期的所有工作，以及新店開店頭3個月的相關問題
歐萊雅	1.6、7、8月活動方案（洗護染）制定 2.今年目標是洗護產品達到350萬，染燙150萬，總目標500萬 3.付款問題的解決（要求給予合理的帳期及帳款） 4.每月10萬元的授信額度是不夠的 5.最終確定所有的返利以現金方式，共21點（個案可以額外再根據需求提供其他的返利方式） 6.積分兌換方式有三種：專業教育（管理&技術）、制定促銷方案（方案、產品、周邊）、髮廊工具 7.張軍部長希望歐萊雅能夠為大漢口之類的旗艦店提供更為誘人的方案支援

5月12日

執行長工作紀要

武大教授授課內容——管理者的角色認知

1.為什麼需要管理者

2.管理者的類型和作用

3.管理者的角色和職責

4.管理者的能力結構

13：00～18：30 部長/處長會議

一、董事長發言

1.做精、做強、做實

2.與執行長多溝通，本人之後會較多的與政府部門和銀行系統聯繫，爭取為公司打通更多的發展管道

3.為各部長、處長和督導、技術課長頒發聘書，並合影留念

二、執行長發言

1.招才、育才、用才、留才

2.法、理、情

三、處長發言

1.本部業績報告（本月業績等各項任務完成情況、完成率、比上月同期成長比、比去年同期成長比）

2.前期工作問題

3.後期工作計畫和重點

4.主要體現的問題在於：

① 新員工（外地或武漢本地外招的）的思想理念和公司整體

文化有脫節現象

② 吹風技術有待普遍提高（洗頭技術也需要普遍提高，正在店裡自行培訓）

③ 收銀員在創收業績方面沒有起到作用

④ 外地店希望得到更多的支援，尤其在技術教育方面

⑤ 全年的活動要有計劃的制定和實施，不能讓顧客感覺下次的活動會更優惠

⑥ 各店普遍存在客量不大現象，有的還存在下降趨勢

四、部長發言

五、督導發言

六、James做經營業績分析

對所有店5月1～10日的業績做上月同期比、完成率等的分析

七、周義文經理發言

1.技術狀況彙報

2.全年技術培訓計畫

3.所有技術性員工各個階段的技術養成手冊的製作

八、技術課長發言

後期技術培訓課程和相關指導工作彙報

九、董事長、執行長總結性發言

1.往後開會準備例牌和茶水

2.各部長、處長每月會議之前將所有工作報告做成PPT形式，交予李菲歸檔

3.所有與會人員也要做造型，這樣才能從基本開始帶好各店員工

5月14日

美容部長/處長會議

一、執行長發言

1.緊跟時代的變化，爭創椰島第二個18年

2.要詳盡瞭解合作者的相關資料

3.將椰島作為自己的起點和終點

二、董事長發言

1.要適應逆境，具備逆境智商

2.遇到瓶頸和迷茫的時候，要向上尋求幫助和發展，不要給自己留退路

3.勇於付出

4.不斷學習

5.提高自身生活品質

6.頒發聘書

三、部長發言

1.心態平和

2.各人要找對定位

3.遇到問題首先要找出自己的問題，勇於付出

4.在做大之前要先做精、做好

四、區域經理發言

1.常明紅：用心

2.張丹娥：工作報告

3.李珊霖：細節服務、售後服務、新客

4.盛麗芳：將C類店提升為A類店，總之首要是創造業績，在此期間要隨時與相關人員進行溝通

五、總經理發言

簡介各區域經理的工作和個性、將來的工作展望

六、集體合影

注：今後的會議流程：各區域經理做業績報告（配人力資料）→部長→總經理

襄樊店事宜

1.根據現況，急需重新裝修，共需22萬元（不包括設備），但占30%股份的當地老闆已經不願再投資（已欠外債20多萬元）

2.門店所處商圈為低消費商圈（旁邊的百貨商場都關閉三次整頓）

3.考慮是否願意另闢新地（後勤方面，總部會全力支持）——店長羅明君願意，但下面的團隊不願意

備選方案：

1.裝修（所需費用大，且合作者不願再投資）

2.繼續在襄樊尋找新門面，自己開

3.捨棄襄樊市場，去外地開拓市場

5月18日

10：48進辦公室

5月19日

10：20～10：30 大漢口店講話

10：30～17：00 收銀員春遊——紅安漂流

17：30～18：00 企劃部

1.現場監督管理

2.運用專業美學到具體工作中

3.和Lawrence多溝通，學會表達自己的期許和要求

18：30～19：00 物流部

1.貨車罰款費用報銷問題

2.送貨期間的相關意外險

3.百店慶典的合作商洽談工作

4.店內產品的工商、衛生許可

5月20日

09：00～11：30 美容部課程《如何提高個人的思維格局及個人忠誠度》

14：30～15：30 股東入股洽談

1.大多數原外店人員來到椰島後思維有了很大變化——緊迫感、目標感

2.北湖店副店長張偉反映管理不錯，但公司給予的技術培訓還比較欠缺，尤其在副店長這塊。作為個人，一直很願意跟隨黃波波，即使去外地拓展新店

5月21日

09：30～10：30 經理研修班第一期——髮廊連鎖的發展趨勢和髮廊人員應具備的基本素質

12：00～15：00 武昌視察門店

5月22日

1.第三、四季度運作表的製作

2.辦公室佈局

3.新華家園店收銀員王婷的調動問題

5月25日

09：30～10：30 新入職經理、收銀員職前培訓課程——髮廊連鎖的發展趨勢和髮廊人員應具備的基本素質

14：00～18：00 管理處例會——宣佈並講解第三、四季度運作表

5月25～28日出差行程表

日期	出發時間	出發地	到達地	處長	聯繫電話	備註
25日	19：40	武漢	西安	冷夏雨	15091484868	張軍陪同
26日	17：20	西安	成都	李升海	15680503336	張軍陪同
27日	23：30	成都	重慶	胡玉泉	15823240368	火車（成都店長李升海訂購成都到重慶的火車票）
28日	10：30	重慶	深圳 東莞	夏雨 羅杰	13480161692 13212772277	東莞店羅杰將負責深圳與東莞兩地間的接送工作
28日	22：00	深圳	武漢			

5月29日

10：00～12：00 展店流程的商討和確定

13：00～13：30 魯豔霞要求增派一名人員協助其工作，尤其在議價方面，最終選定葉遠志

15：30～16：00 講述出差報告

17：00～18：00 查閱各店費用明細表，針對新入職設計師需要繳的入職費提出質疑——要求人事部給出確切新入職的設計師名單，入職費一定要來管理處交予財務部，若不交則不給予工資（或從工資裡扣除）

18：00～18：30 分店劃卡事宜/財務明細（硬碟）——周工

與James洽談

1.每天各店、弱店業績追蹤：業績報表重新設計（人力分配）——三個部&拓展部

2.西門町每周業績追蹤——曹華斌

3.督導要多多下店&協助黃芳

4.歌薇的活動方案要具體落實

5.和魯豔霞共同協商歌薇活動中100萬的分配方式——椰島、大軍、西門町、杜比（成都）

6.議價程序——魯豔霞

7.拓展部每周例會工作報告：業績目標、展店進展和流程

8.多關心十堰、羅杰（車禍、展店進度）

9.六分店——胡左奇

10.總店業績目標、相關活動——James/張軍

11.沖卡活動專案小組的成立（處長）——提供舞臺，使其擁有榮譽感

12.部長、處長、督導工作職掌交予當事人

13.開、關店標準（年度計畫）

5月30日

拓展部劉咏輝

1.新店選址、業績等制定

2.遵循展店流程（先定人再定店——領表）

3.新展店/老店翻新要提前申請（立即發函並在下月部/處長會議上著重強調）

財務部

1.各部/合計損益表（業績、獲利、去年同期比）

電腦部

1.發函（群發器）問題已解決

2.總分機問題已解決（800＊為分機號碼）

3.所有分店實現劃卡事宜，資金歸總部管理——獲取更多資源以便做更多事情

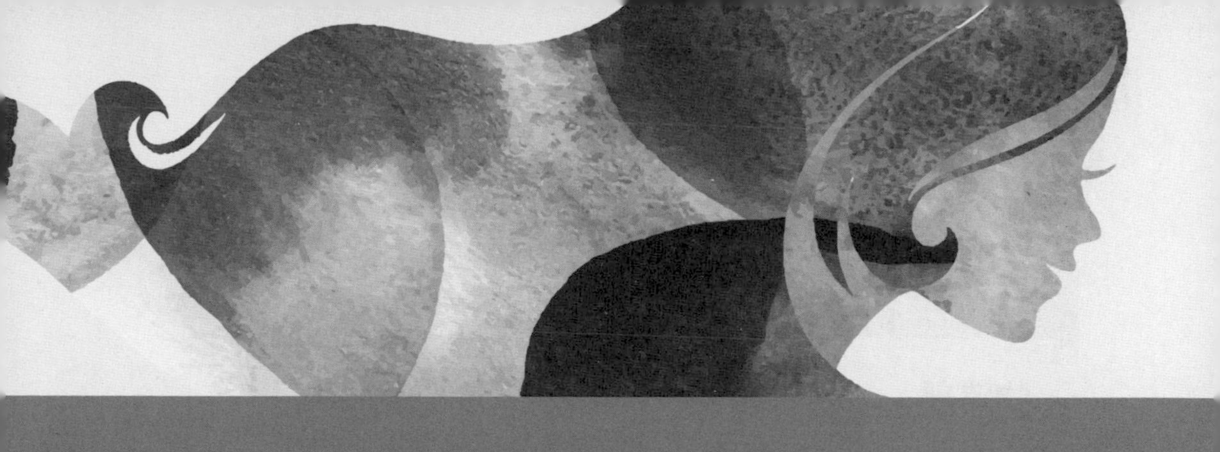

2009

6月

6月8日

物流部

議價（砍價過多）影響裝修材料的品質（偷工減料）

黃芳

處長能力很強，但要對自己有信心，業績的成長不是一朝一夕的事情，只要埋頭肯做，日積月累，一定會有所成長

人事部

季度/年度績效考核表

駿總

1. 安婕妤巴厘島方案順利進行中
2. 之前美容部文員田麗娟下店後情況糟糕，但能力、口才不錯，決定調回管理處繼續做文員，工資不變

西門町

3%的股份

Lawrence

客服部問題——學會有效運用

Mars

六月《椰島風》內容

6月9日

09：30～12：00 武大教授管理課程

14：00～19：30 美髮部處長級例會

19：40～20：40 百店慶典商討會議

6月10日

會議記錄

1.管理處環境衛生堪憂（廁所一定要噴香水）

2.王師傅工資補付

3.百店慶典LOGO的設計

4.美髮店長、經理/美容部工作職掌的修訂和發放

5.劉咏輝和波波成都拓展事宜

6.給劉咏輝配備一名督導

7.入職金事宜

8.美容部關於百店慶典相關事宜擅自發文的處罰決定

9.總店開業時天然氣可能不能完成，暫用桶裝瓦斯；開業舞臺的搭建

10.清潔阿姨的任用問題

11.分店的租約統計（按房租付款方式分類）

12.James的會議流程&記錄

13.執行長發言《執行力的三大基石》刊登於《椰島風》，並發放給各位部/處長

14.曹華斌瞭解第三、四季運作表

15.公司內部任何文字性的東西，尤其是企業文化類的，一定要口徑一致、目標一致

James

1.報表設計

2.陳華軍的調配問題

3.羅杰的管控問題

4.波波成都拓展

歐萊雅

1.美髮人員的觀念——自信的產生

2.6月4日百店慶

3.給予內地的時尚資訊還遠遠不夠

4.教育（知其然，亦知其所以然）——任重而道遠

5.大力推染髮

① 成都杜比、西門町歌薇活動的分配事宜——物流部

② 總部/分店所有人員編碼——人事部

董事長

1.待解決問題的商討

2.百店慶典的商議——與預期效果落差很大，有無繼續進行的必要性

3.印象公司合作案的回復問題

6月11日

09：30～11：30 總經理緊急會議

一、百店慶典事宜

1.與預期落差太大，不宜大辦，保持低調，以更優惠的促銷活動回饋顧客會更實際、更受用

2.統一口徑：我們在發展過程中，決定以最實質的百店慶活動回饋顧客

二、商討待解決問題（董事長）

1.管理處處長會議時，各處的業績沒有PPT表格和圖示，沒有可比性，沒有競爭，沒有直觀性——下周會議前整改

2.每月第二個星期一的例會，應事先安排好會議流程及細節，並注意堅決有效地控制時間——下周會議前整改

3.外地準師培訓該如何操作和收費——人事部成立員工檔案電子檔，統一管理分店人員，從5月份開始一刀切，之前的員工都承認，但之後全部要到管理處報到，否則不發給工資

4.羅杰在東莞召開拓展會議，私自做了光碟宣傳，該如何處理——James下周去視察後回來進一步商討

5.華南一處缺少椰島文化的薰陶，員工流失很大，希望黃芳大力培訓和支持——已交待黃芳

6.關於外地區域的拓展問題，馬總、湯總、周周等人員需要企劃書電子檔——手冊在制定中，名片不由本公司製作（否則公司會受法律效應的牽制）

7.正在裝修的新店和老店出現品質下降的問題，該如何解決——先調查清楚是否完全因為壓低價格過多而導致品質下降，還是工程部監督不到位，再做處理（執行長會陪同各部總經理立即下店視察）

8.下次管理處會議後，要求各處長和參加會議的人員背誦企業文化——處長會輪流參加例會

9.各分店大量辦卡的同時，銷卡怎樣跟上——下周開會時提方案&之前兩周賣卡/銷卡的具體數據資料準備

10.虧損的店應儘快拿出解決方案——主要問題在店長，美髮

部已將店長拉回管理處進行教育訓練

11.染髮7月教育和8月活動應如何操作——染髮大力推進，下月將店長/經理/副店長全部拉到田田基地封閉式訓練

12.姑嫂樹店的店長是否應該撤銷

13.關於西門町註冊的事商議結果如何——執行長親自洽談

14.總店22日盛大開幕，應關注並抓緊籌備，督促張部長上交開幕計畫書——初步定在25日下午（周五）正式開業，連辦三天，之前可以作為試營業；劉咏輝統籌開幕計畫，Lawrence、Mars、盛小莉、葉子協助

15.回請髮源地李總吃飯，請執行長訂好時間，馮慧負責菜單訂制

16.關於美容部：Matis產品公司督導與董事長的談話，建議其產品在百步亭、武大、香江、永清、郭茨口、漢飛六個椰島A類店使用，經過下店督察發現以下嚴重問題：

① 「快餐式服務」的惡性循環：無精細的顧問服務流程（文字化、制度化），沒有真正用好顧問，店內店長操作所有包括顧問的流程，各店皮膚測試一起常年「睡覺」，故不能在程度上促進銷售——皮膚測試儀剛引進，培訓使用還沒正式開始

② 常年護理單一：顧客長期接受椰島單一產品和服務流程，如長期的老顧客，每次在椰島單一接受「安婕妤」基護和「水世界，蟹尾刷」的服務，沒有任何新意，也無針對性，所有顧客千篇一律，導致老顧客嚴重流失——駿總表示護理不單一

③ 客戶預約表很糟糕——將交予督導鄧麗做

④ 百步亭店長能力很差，問題很多

建議：

1.迅速建立並培訓顧問服務流程，並在每個店設兩個顧問，每個顧問各帶一組，並用好各儀器設備

2.護理項目應立即多樣化，以留住老顧客

3.建立新的顧客預約制度

4. A、B、C類店的店長收入機制要分開，以便分類管理，各類店長可升、降級別——目前還不切實際，會造成店長不斷流失

董事長建議：

Matis督導鄧麗能力很強，應立即有效啟用，給其空間，以便迅速提升我A類店整體檔次——初步將預約時間表方面的工作交予鄧麗負責

執行長發言

1.老師輪流上課，反對「造神」

2.管理魅力&技術魅力——分類施教，管理人員著重管理，技術人員著重技術

3.各部總經理制定下半年/明年的總業績目標、客數目標、客單價、展店數量

4.周義文老師下周日交予基礎教育手冊（教材）

14：00～17：00 巡店（裝修店/翻新開業店）

香港路店

1.泰山牌紙面石膏板

新華家園店

1.電線包管

2.木板品質差

姑嫂樹店

1.皮椅破損
2.助理基本功不到位
3.空調過濾網/排風扇沒有清洗
4.衛生記錄表無日期顯示
5.經理無工作服
6.二樓鍋爐漏水

千禧園店

1.包管標準
2.有做施工進度表

萬松園店

1.過濾網未清洗
2.沖頭床附近髒亂不堪
3.美髮椅破損嚴重
4.吊燈多半不亮，裝飾無效
5.玻璃未清洗

西門町

1.任務目標要以實際情況作為基本出發點，上下差距不得超過3%，這樣才能產生績效，從而激發員工的工作積極性
2.工作的計劃性產生效率
3.企業做到最後是賣文化/品牌

臺灣行

董事長私下答應付少文、陳華軍兩位老師臺灣行的名額

6月12日

會議記錄

1.總店店長/副店長人選問題

2.總店情況堪憂——被左右夾攻，勢必會陷入價格戰

3.工程隊觀念老化，行動力不夠，且應在前期工作中保持低調

4.James要嚴格管理3位部長和4位督導

5.下周會議提案：

① 9月開始分紅留存20%

② 退股金額嚴格按照退股流程/勞動合同嚴格執行

財務部

1.西北片區業績直線下滑，各店幾乎無結存

2.西北片區的客裝和銷售能力很差，已經派收銀員前去協助，之後的22日會將西安的收銀員調回培訓

3.西南片區自從開始辦卡任務後，辦卡業績有很大提升

拓展部——關於總店的談話

1.查詢妞妞瑪姬的策劃人

2.妞妞瑪姬的房租和選址優於總店，並與髮源地總店對我們形成了夾攻格局

3.總店引進了3名標榜的設計師

4.劉咏輝要全力支持和協助，並時刻為張軍敲警鐘

16：00～17：00 美容部區域經理會議

策劃部

1.七月活動主要集中在冰波球的配送和技術服務

2.針對H1N1，策劃相關精油配送活動，可以起到消毒抗菌作用

3.「內蒙行」作為「十佳美容師」的補救措施

管理部

1.通過美髮顧客開發美容顧客的方案（湖美店）

2.監察員的重要作用/7月主要工作放在冰波球的技術理論考核（古田店為例）

3.店長的考勤制度

4.各店成本控制的方案報告——主要表現在內購/外購比例控制、店用品費用控制、電話費控制

5.虧損店：東一、統建

執行長發言

1.向美容部學習，增補相關知識

2.美容部會議流程和形象都尚佳

3.為百店慶典一事向美容部致歉

4.各店的裝修風格應該更時尚、更凸顯各區域的風格（針對不同層次的顧客）

5.銷卡問題要加強

6月15日

曹華斌

1.西門町註冊問題商議

2.恩施展店初步洽談

工程部小郭

1.跳出武漢現有的裝修風格和模式，形成市場差異化，以獲得自身顧客群和利益——簡約、明快

2.工程品質一定要有保障

3.既定的面積要有既定的佈局模式

11：00～12：30 小型高層會議

1.股權的分配/退讓問題

① 總部固定占65%，其餘35%店內分配

② 分店員工若調走，必須無償讓出50%的股份，但其讓股後總股份必須大於讓股前

③ 分店若有新股東入股，分店股東採取均讓形式（1個點的除外）

2.拓展部阮緒勇、劉飛職責不分明

3.防損部工作積極性有待提高

4.管理處員工薪資問題

執行長

1.入職費的解決方案

2.管理處出勤控制方案——外出報告/工作日誌

3.下半年兩次技術課程的安排

4.大型促銷案要提前做好詳細的文案

5.工程/採購的品質保證

6.西門町的註冊問題

7.分店裝修一定要按正規流程，管理處協商決定後方可進行

董事長

1.總店電子看板有長期效益，但要避開門前大樹

2.總店開業典禮的地點、費用說明

3.管理處人員要和分店員工一起作戰

4.會議要制度化，並嚴格執行

5.一部副部長的選任問題

6.新店選址應該是處長的職責，總經理不要分心去找店

14：00～17：00 管理處例會

執行長發言

1.金融危機下的生存法則

2.9月份開始強制性留取20%預留金作為管理處的周轉資金

3.虧損5萬以上的分店，James要準備關店

4.美容要積極開店，甚至到外地

5.人事任命要再三斟酌，不要盲從簽發人事任命令

6.分店裝修/停業要按流程嚴格執行，不可擅自做主

執行長總結

1.美髮部報表要重新設計

2.導膜活動的期限太短，會形成分店作假帳

3.新展店人員一旦確定，就不可任意更改

4.分店員工每年的晉升計畫——時間安排

5.處長輪流參加管理處例會

6.各位督導在大漢口總店輪值2個月

7.美髮椅等採購方面的品質問題

8.工程佈局問題的強調——既定面積決定佈局

9.西門町的損益表——財務部

人事部

1.從本月起開始嚴格執行考勤——不打卡、無外出報告的不發給工資

2.公章的嚴格申請/使用

3.退讓股的具體流程

辦公室

1.「椰島」的域名問題

2.店內小電子看板方案被駁

6月16日

催交工作

1.各級執掌

2.拓展部流程

3.美髮教材——周六

4.人事股權

與董事長談話

1.按考勤天數予以工資核算（本月對考勤嚴重缺乏的人員進行輕罰，下不為例）

2.7月下半月開店長班，執行長親自授課

3.4個業績報表的初步設計完成

4.企業文化/CIS手冊

5.西門町事宜

① 收銀系統用我們的精研軟體

② 通用劃卡

③ 20%的預留金給椰島管理處

與James談話

1.每周二督導、處長、部長會議，且要有會議記錄

2.四個表格/工作日誌的嚴格執行

3.為劉咏輝配備一名督導——安娜

4.成都拓展——伊藤百貨商場

5.羅明君繼續駐守襄樊店，至少3個月

6.歌薇所定期限太過倉促

7.分店報帳為何有落差？——分店以後不許改帳

13：00～17：30 巡店

友誼南路店

1.門外水管直接漏水漏到樓梯上

2.員工情緒/心思要多關心

3.老總信箱反映店內所放音樂不好

4.椅子破損嚴重

5.洗手間空間狹窄

6.二樓地毯破損嚴重

7.滅火器過期

8.員工形象有待提升

9.指定客很低/大頭少

利濟路店

1.沖頭床無過濾網，品質較差/沖頭床下面衛生狀況糟糕

2.員工形象有待提高

3.田田基地培訓只派了1個實習手去

4.副理未化妝

5.員工反映學不到東西

爵士店

1.空調水對外亂排

2.員工形象有待提升

3.工資發不出來

4.產品陳列在前臺

5.冷氣機追相關公司修理

6.髮型宣傳畫掛好

7.沖頭區很熱

新世界店

1.招牌很漂亮

2.員工妝容有待提升

3.前臺整理/展示標準

4.助理進店1個多月還無工牌

5.美容人手不夠

6.店內氛圍不熱情積極

7.美髮產品廠商廣告過多

梅苑店

1.沖頭床品質較差

2.3月裝修到5.18開張，空調只開了一半——熱

群光店

1.「歐萊雅形象店」字樣拆掉

2.地板破舊不堪

3.空調佈局存在問題

4.店長請聯繫裝修問題

5.展示櫃無用可拆掉

理工大店

1.歌薇賣出2套

2.員工無妝容

3.展示櫃較亂

廣埠屯店

1.員工造型要提升，尤其女設計師和收銀員

各店普遍現象

1.沖頭床品質較差，無過濾網/沖頭區設計有待改善

2.員工形象有待提升，尤其在挑染方面

3.客裝展示力度不夠

4.冷氣不夠

5.經理/副理能力不夠，店內氛圍不熱情

6.整體客裝銷售能力較差

6月17日

與Lawrence談話

1.下半年促銷案討論會（下周一例會後）

2.處長會議流程的制定

3.下半年處長學習：財務、禮儀、人際關係

與田朗談話（9月新展店建議）

1.周圍市場情報的收集

2.開業頭三個月/學生放假期間的促銷案

3.提升員工形象

4.瞭解學生話術/員工話術演練

5.社團公關

6.積分制

與James助理李菲談話

1.歌薇活動促銷案

2.分店員工補助

3.業績/大頭平均成長獎金的發放方案

13：00～19：00 巡店

紅鋼城店 美髮

1.門窗破損、地面/牆壁髒

2.客戶經理上班時間洗頭，經理也不在

3.助理在廁所抽煙

4.壁紙破損很嚴重

5.沖頭區有股黴味

6.客裝銷售能力不強，且存貨很多

7.助理卷杠子不到位

紅鋼城店 美容

1.潮氣大，地面全是積水印

2.壁紙破損嚴重

3.樓梯太髒

武大店（7月15日裝修）

1.招牌漏水

2.導膜無處存放

3.員工對企業經營理念等不熟悉/美容完全不知

4.客裝銷售不錯，指定客55%

虎泉店

1.客裝/指定客都偏低——38%

2.空間佈局不太適用

光谷店

1.休息室的門很髒

2.電子看板毫無用處

3.經理形象太差——製作男經理工服

4.迎賓外創的執行

其他事宜

1.以後關於工資一定要人事發文，否則按原來形式發放

2.吳家山店長楊毅

① 和員工一起外出湊份的錢多下來中飽私囊

② 店內員工分紅的錢存入自己個人帳戶

③ 在員工大會上說「我就是不缺員工」

3.羅杰擅自召開新聞發佈會，並幫當地學校賺錢

6月18日

1.南湖店店長張亮帶領員工賭博到凌晨5點

① 要考慮事後可能發生衝突，部長處罰措施

② 店長罰款300元

13：00～19：00 巡店

國廣店

1.聯繫黃世權，學習如何創造高端店的業績

2.設計師整體形象很好，店面很整潔

航側店

1.員工在馬路邊抽煙、打電話

2.產品展示不合理

3.欠缺一台空調

4.員工造型較差

5.二樓的封閉式玻璃換掉

古田店

1.業績還可以，但客裝太少

2.廁所太小，空間佈局以後需改善

3.細節方面的衛生整潔還有待提高

長豐店

1.美容到目前為止業績才2萬多

2.染膏掛條拿掉

3.門口要清潔

吳家山店

1.燈箱沒轉，無人站門

2.椅盤很髒，椅子也都沒放整齊

3.冷氣機/排風扇很髒

4.鍋爐漏水

5.鏡臺下的膠都沒粘好

6.調配室的水槽設計不合理

7.指定客很低——35%

8.二樓整體髒亂不堪

① 椅子東倒西歪，又沒做清潔

② 沖頭區全是灰塵

③ 窗臺上全是員工吃過的垃圾
④ 玻璃完全沒清潔過
⑤ 洗手間面盆旁邊的抽屜裡全是垃圾

6月19日

財務部

1.收銀手冊
2.損益表的設計
3.深圳1店是否繼續營業（租金太高）

總店開業儀式洽談

1.辦卡放在流程的最前面
2.回函的設計和制定
3.午宴的流程

巡店

球場路店

1.指定客數/衛生環境不錯
2.客裝較少，燙髮均價在134元

永清店

1.導膜銷售PK進行中
2.衛生環境有待改善
3.客裝較少，員工熱情度不夠

花橋店

1.白色沖頭床易髒，建議上面用大浴巾鋪蓋
2.店長希望後面一塊劃給美容

竹葉山店

1.電壓不夠，有些熱
2.有幾個椅子腳都掉了，要補上
3.客量很大，可以在周圍尋找新的門店
4.客裝不是很理想

香江花園店

1.美髮員工熱情度不夠
2.《椰島風》錯別字糾正——美容部顧客

北湖店

1.調配區髒亂，無水槽
2.產品展示力度不夠
3.一樓有個沖頭床位設在廁所旁，且周圍放了很多雜物，例如毛巾、水桶等
4.指定客還不錯，但客裝很低

天梨豪園店

1.客量從70下滑到50人
2.美容空調不行，調配室垃圾桶需換翻蓋的
3.指定客42%

馬場角店

1.產品大量堆積，且放置在高溫閣樓上
2.指定客60%，但客裝很低
3.歌薇導膜沒有袋子

美容

1.空調沒開

2.產品堆在浴室

3.員工區有點亂，杯子放置在外，椅子破爛不堪

6月20日

巡店

沌口店

1.窗臺髒

2.經理周六休息

3.細縫裡都是頭髮（沒上膠）

4.飲水機的走線都暴露在外

5.店內蒼蠅較多

6.學習武大店，多賣低價導膜

百步亭店

1.可在方圓500米內再找個100平方的門面或者裝修，切不可租下隔壁的大門面

後湖店

1.燙染較差，大頭數很低

2.區域燙染老師祈芳從沒下店

6月22日

11：30～13：00 高層小會議

1.美容四天三夜的封閉式培訓——貝斯特精油老師授課，授課對象為每個店1個種子老師、1個美容顧問

2.明早9：00成都合作商參觀總部和分店
3.開店計畫：下半年7家，明年15家
4.7月下半月準備開辦店長班（40人左右）
5.對全體員工進行禮儀、素質等培訓，每天做儀表檢查
6.獎勵出行以後要針對各級人員，不可局限於店長、處長等
7.以後工資的更改和發放一定要經過人事部核准、發文才可生效
8.西門町合作事宜
9.退讓股流程——股權證換為合夥書

14：00～17：00 管理處例會

美髮業績/工作報告

1.北湖店店長能力有待提高，處長周輝協助
2.貴陽近期準備再開2家
3.湖美店滿意度以100元為分水嶺，100元以下的都還滿意，100元以上的都是「還行」、「不滿意」
4.各店店長指定客偏低（2～4個）

財務部

1.鄂州店店長3天去一次店裡，去到店裡也是坐在收銀台睡覺
2.貴陽四店拒絕每店2個收銀員的政策

人事部

1.發文流程的說明
2.工資的改革一定要經過相關部門討論，最終決定後發文方可生效

執行長發言

1.做好每一個細節，讓所有即將加入我們椰島的人對我們滿意
2.全員培訓的課程安排

3.所有設計師統一工服

4.店內產品堆積現象一定要加緊解決

5.基本上所有美髮部分店空調都不行

6.店面的環境維護是椰島每個員工的職責

7.學生店可以學習武大店銷售客裝

8.分店不得更改財務報表等，若須更改到總部來改

9.薪資變動要遵循討論、確定、發文的流程

10.鄂州店店長實在不行就換掉

11.需要去外地拓展的店長走之前一定要做好交接工作

12.財務損益表的製作

13.各店的人力配置

14.分店的名片要統一

15.企業手冊的製作

16.總店客戶經理、收銀員都要起用有經驗的，不夠還要增派人員

董事長發言

1.歌薇導膜的銷售業績堪憂——負責人

2.店內氛圍是客裝銷售的真實反映

3.銷售業績涉及的財務作假問題要堅決杜絕

4.督導的作用要最大限度的發揮出來

5.總店的情況

① 小標籤到處貼

② 工服的品質問題

③ 鋼琴和店內所有物品的保養

④ 廁所情況很糟糕

⑤ 客戶經理要增派有經驗的

⑥ 總店的業績要按小時來定、來盯
⑦ 開業典禮不容有失

17：00～18：00 下半年大型促銷活動定案

18：00～18：30與董事長談話

1.虧損店的業績追盯
2.以後業績前3名或指定客前3名的都能入股
3.總店燙染師、客戶經理都不夠
4.下月14日處長會議邀請成都杜比、新展店店長也調回

6月23日

09：00～11：30 與成都洋華堂負責人付靜會面，洽談合作事宜

1.其經營理念——以顧客導向為中心
2.「3感」——感動、感激、感謝
3.「3S」——微笑、堅強、關懷
4.員工手冊

14：30～17：00 參觀美容培訓基地——僑亞山莊

1.以後任何培訓不得與其他公司拼盤
2.經營理念等由本公司自己培訓

17：00～18：00 視察大漢口總店

1.注意細節環境
2.各處做清晰的標識牌
3.所有督導最近幾天都在總店上班

6月24日

與人事部的談話

1.薪資表整理後董事長簽字，再交予財務部

與周義文的談話

1.美髮教材的製作發放/新展店、準師的培訓事宜發文

2.員工培訓經費的收繳

執行長發言

一部/處長會議（市內）

1.部/處/店長要展現技術魅力

2.部/處/店長在店內上下班要打卡，做自我造型、做技術

3.分店主管要多關心店裡情況，從外至內觀察，從細節著眼，包括廁所、員工休息區、員工宿舍

4.客裝銷售要加強，學習武大店，編輯話術

5.當分店無錢裝修時，還可以堅持就要堅持——將店內環境做好

6.江漢一、二店的合併考慮

7.教材統一並發放至各店/準師，新展店人員回總部培訓（發文）

8.人事工資一刀切——編號認證

9.財務作弊者一律開除

10.華中區增補3名副督導——本周完成

11.部/處長最好統一服裝

12.各部要大力協助總部，尤其在燙染人員增派問題上

13.督導每兩月在總店輪值

14.西南地區將派重兵

15.三大促銷活動初步敲定——8月份周國勇打頭陣

與曹總的談話——關於美容部貝斯特集訓

1.會場要設置帶有我們LOGO、理念、文化和名言名句的背景牆
2.非特殊情況或經過批准，不可與他人拼盤
3.內訓再怎麼吃苦都可以，但外訓必須要求最好的待遇
4.3個月內砍掉ESPA
5.經營理念和文化等由我們自己內部培訓，不接受外人的相關培訓

執行長發言——收銀員培訓課

1.做任何事要謹慎
2.500元以上要報告財務部
3.店內任何支出都要店長、經理簽字
4.對店內的任何費用都要嚴格管理，多一毛少一毛都不行
5.保持良好的妝容和微笑
6.提高銷售能力
7.櫃檯的整理、音樂的控制

與孫小勇的談話

1.江漢一、二店的合併問題/與黑人頭洽談合併樓下那個店
2.將一店人員分流到二店和友誼南路店？
3.友誼南路店店長是否換掉？
4.房租取勝？
5.外地拓展——恩施/蘭州/江西/安徽

6月25日

根據巡店記錄和發現的問題製作魚骨分析圖

與James的談話

1.東坑店、貴陽6店未回來培訓——記警告處分，若下次再犯罰款1000元

2.新展店、準師、裝修店、總部指派回來培訓的人員一定要回

3.郭攀、安娜、少芬每兩個月在總店輪值

4.新華家園店繳稅（半年）問題

與曹總談話

1.男廁所小便池很髒

2.預留金相關事宜商談

① 全體股東一致行動

② 總部股東先做表率，再帶動分店股東

3.總部股份的分配（董事長之前所承諾的，總共分出將近30%的股份）

4.周一會見財務專家

6月26日

1.下店報告的書寫——大漢口總店

2.大漢口總店燙染老師的輪值問題/員工伙食問題

3.要求並分析本年度1～5月的總客數、大頭數及兩者的比率

6月27日

11：00～12：00 高層小會議

美容部

1.預約表
2.替代品、超低折扣檢查
3.氣勢檢查

管理部

1.客服部要強化
2.大漢口店要專業與文化並存——技術（周義文）、經理（周國勇）做每周報告

執行長

1.「美麗椰島」已註冊
2.虧損店專案討論
3.財務系統中的資料分店絕對不能更改
4.損益表的製成
5.分店人事報到的執行狀況
6.分店每月庫存盤點的執行情況
7.追蹤伊藤合作及波波成都拓展進度
8.裝修翻新店開業前的收尾工作
9.7月7日的財務課程，店長分批參加；下午上課邀請杜比與會
10.總店的技術/客戶經理調換
11.美容客量太少——加大廣告宣傳力度
12.大漢口天然氣——馮慧
13.7月為期三天的店長班/儲備店長班的啟動（40人左右，適當收費）

董事長

1.James做事要有詳細計畫，並制定出細緻的策劃案，例如歌薇活動執行得很不理想

2.88元活動很成功，連鎖店要全面實施，特殊情況（大頭較多的店）實行限時開展

3.本周六管理處空調一定要開

4.外地拓展情況關注（杭州項華——聯繫其參加總店開業典禮）

5.羅明君有意去湖南，小勇去恩施

劉咏輝

1.關店要有關店標準及善後計畫

2.外地拓展依舊很重要

3.大漢口四樓已外租，不會被髮源地租下

4.一樓的髮源地可能拆遷（只是初步資訊）

15：00～18：00 管理處例會

行動計畫

1.督導的工作日誌要隨時抽查

2.美容學員的舞蹈振奮人心

3.拓展部的外出報告至少3天1次

4.商業髮型的考試：店一處（8月底之前）

5.4位副督導的選拔（7.20之前）

6.收銀手冊（已完成）

大漢口店

曾晶

1.客數：179.2/日；大頭：93.5/日

2.截至28日總業績8.2萬元

3.現有設計師28人，助理23人，燙染16人，經理1人，客戶經理6人，收銀員2人

開業

1.以設計師的主要顧客為主

2.參觀總部事宜安排——Lawrence

二部周國勇

1.業績350萬，完成率66%

2.友誼路店採取何種措施？店長已經投降了

3.花橋店平均每天客量100多個，但業績始終上不去

4.古田店湯欣人員飽和，可以向外拓展

5.水廠店燙染欠缺/要添置空調

6.貴陽5店所在的商場幾乎無人，但業績做到了15萬多，不可思議

7.重慶區域要衝客量

三部黃芳

1.十堰——劉鎮瑞在我們所有店周圍開店，且活動做得很優惠，對我們衝擊很大

2.長安店暫不做88元活動

3.大成路店、鄂州店虧損

4.鄂州店店長陳海濤7月開始調往武大店，副店長升作店長

督導一李磊

1.下周下店一周——鄂州

2.7月對華中區域的經理進行全面考核

美容部

1.部分店將老客業績冒充新客業績

2.分店仍然存在替代品/超低折扣/預約不到位等現象

財務部

1.業績落後的分店：友誼南路店、爵士店、大成路店、鄂州店、咸寧店

2.貴陽區的例行查帳&罰款

3.分店離職人員必須到管理處領工資

4.美容美髮盤存

5.收銀員的培訓和分配

電腦部

1.西安店的顧客電腦太多，容易造成店內電腦掉線，希望考慮減少顧客電腦或者限制上網功能

2.分店密碼的收回

執行長發言

1.每周管理處例會相關部門一定要報告，尤其是美髮教育部、工程部（裝修進度）/曹華斌要參加

2.管理處發出的所有公文要公佈出來

3.外出人員一定要寫工作日誌和報告

4.分店企業文化的考核何時能完成？

5.關店（裝修）標準/流程？

6.績效考核標準？（不能只做上月同期比）

7.伊藤洋華堂合作事宜已初步敲定

8.感謝總店相關人員付出的努力

9.管理處安排的課程，點到的相關人員一定要參加

10.新展店/裝修店的員工一定要全部回管理處培訓

11.美髮教材7月中旬之前會完成，之後發往各處

12.人事報到/離職手續一定要遵循相關流程

13.分店不得更改財務系統中的資料

14.大成路店/鄂州店店長的相關問題

15.宿舍巡查要嚴格執行

16.88元活動後續

17.歌薇活動的後續工作

董事長發言

1.全連鎖店開展88元活動的策劃案

2.歌薇前期工作很不到位，後續又該怎麼辦？

3.大漢口店的禁煙話術、標誌

4.大漢口店的員工素質要與硬體設施匹配

5.堅決執行所有相關培訓回管理處進行

6.省會城市要大力發展

7.工作日誌一定要嚴格執行

8.總部人員要用心做好每一件事

9.要最大限度發揮督導的作用

6月30日

與董事長、財務專家洽談公司相關財務問題

巡視總店

股東見面

1.企業文化、經營理念的熟練掌握情況考核

2.對公司和個人的前景展望

3.在椰島學到了什麼？成長多少？

4.要加強顧客開發能力，提高染護數量和客單價

人事案例

艾瑪造型設計師蔡麗娟是本公司股東，但因懷孕需休假1年半，在此期間，其股份仍保留（不分紅），復職後再實行分紅，休假期間算入入股年限中，社保暫停，復職後恢復

巴厘島行程初步定在7月中旬，臺灣行暫時還不能定（一周內）

2009

7月

7月1日

10：30～12：30 人事/工資/教育電子檔案製作的相關討論和敲定

14：00～17：00 參觀並慰問毛巾廠

1.2個月前1500條舊毛巾送回管理處後的去向？——丟掉了

2.折舊費怎麼算？

3.進出都要點數，以免造成財務誤差

姑嫂樹店

1.全體洗剪吹回訪表只做到6.21

2.大部分設計師大頭回訪表只做到5月份

3.全店無1人會背企業文化

4.有設計師無統一回訪本，用自己的小本子

17：30～19：00 高層小會議

James

1.基礎未打穩就盲目開店

2.拉到顧客就可以上牌

3.管理處培訓太差——老師經常不見，下午都是自習

4.經營和教育是分開的

5.周國勇——教室給我們自己搞

6.鄂州店店長若不回來，要強行帶回來

7.花橋、友誼路店店長都要放棄

8.黃岡店店長走了，員工都沒上班，關門一天

董事長

1.James必須打造自己身邊的團隊，包括3部長、4督導、劉咏輝、胡左奇、周義文、付少文、陳華軍

2.要緊抓身邊人，與其建立感情

執行長

1.教育部人員從未參加過經營部會議
2.展店過快的結果，現在處於轉折期，要相互協調
3.很多事情親自去做不一定容易，周義文做的事情，周國勇不一定做得好
4.善用胡左奇和劉咏輝

7月2日

與Lawrence的談話

1.教育與經營要隨時保持溝通和核對
2.展店過快，人員管制不到位
3.辦公室人員的管制也要加強
4.Lawrence與教育部要參加經營部會議
5.主管級人員巡店主要看幾大項：環境衛生、業績（大頭、指定、客裝）、員工形象、技術培訓和顧客回訪
6.新展店&裝修店所有培訓人員一定要回管理處——政策性問題，不得有異議

劉咏輝&《湖北經濟報導》記者

1.本公司創造了很多就業機會
2.本行業是一個持續發展的行業
3.本公司很重視教育訓練
4.要做文化
5.此節目1分鐘1000元

巡視總店

1.空調位置要抬高，出水要儘快想辦法解決，不可通到員工休息區

2.樓下電梯間的燈箱不亮

14：00～18：00 管理部會議

執行長發言

1.做人/做事要謹言慎行，不輕易動怒

2.最大限度發揮個人的存在價值

3.任何事都要嘗試去做，去摸索

4.時尚資訊/知識的搜集

① 年中檢討會的安排

② CIS（名片）的製作——LOGO一定要有

③ 裝修店從頭到尾有無遵循流程？/裝修前一定要看租約

④ 空調的裝置可以找兩家，但是議價要管理處做

⑤ 劉咏輝要盯緊新展店的促銷

董事長發言

1.總店美甲區的技術和形象都很糟糕，且價格過分便宜

2.開業前的準備一定要嚴格到位

3.劉咏輝要盯緊新展店的培訓計畫

7月3日

一、大漢口店開業細節洽談

二、迎接總店開業嘉賓

三、與周義文的談話

1.燙染培訓要繼續

2.要學會搜集資訊，發放資訊

3.要多與經營部溝通

4.針對助理和設計師做課程安排——助理做技術演練，設計師做行銷課程和造型/美感的學習

5.要從技術人才鍛煉成專業經理人——先知先覺

7月4日

一、大漢口開業典禮

二、帶領重要嘉賓參觀總部，並與其交談行業問題

三、巡視常青店

四、離開期間公司相關事情的催辦和交待

7月20日

會議記錄

1.瞭解爵士店員工意外事故相關問題

2.處長工資&補貼問題——何時定？怎麼定出來的？效益如何體現？

3.相關人員在原來店裡所占的股份無人接手，怎麼處理？

4.分店第四、五名設計師是否可以入股？

彭思思

1.我們很多店的美甲很不專業，已接觸武漢某資深美甲師，希望與其合作（否則對方很有可能與流行線合作）

財務部

1.處長補貼金額較大，不知何時何人所定，且無效益體現
2.管理處的流動資金共300多萬全部外借了——一定要立即追回
3.張軍私下散佈虧損店不交管理費的言論——一定要交，無論虧損與否
4.貴陽五、六店的入職費正在處理——希望人事檔案儘快建好，否則很難處理
5.財務部必須瞭解所有分店的支出總額，包括工資
6.分店損益表下月開始操作

11：00 高層小會議

Lawrence

1.宿舍床位等相關設備設施一定要立即整改
2.相關員工保險的購買

James

1.今晚布達8月活動
2.歌薇活動運行不利
3.部長、處長的績效考核標準要經過財務部和人事部等相關人員討論通過後方可執行
4.公司執照必須在月底辦理成功，否則洋華堂不與我們合作

駿總

1.嚴打低折扣、替代品現象

2.美髮部要警惕降價引起的相關副作用——不斷降價會影響自身的品牌形象和降低自身內部的技術品質和服務品質

劉慶

1.CIS系統月底可以出來
2.美髮教材正在印刷中
3.大漢口店相關物品的製作

7月23日

大漢口店

1.助理/設計師流動性較大，凝聚力不夠
2.客戶經理從6位準備精簡到4位
3.店長人選——張建軍各方面能力還有待提高，張軍已經決定本月離開，周國勇正在洽談中

爵士店員工意外事件

1.家屬駐紮在總部和爵士店
2.管理處員工分配到各分店進行巡店工作
3.下午1點鐘，總部人員回來正常上班，各部門工作都在正常運行

其他事宜

公司執照正在辦理中

7月24日

執行長緊盯事宜

1.公司執照的影印本會在兩周內交予James，請其與洋華堂商談妥當

2.下周開始的8月促銷案的布達工作——是否要在《椰島風》發佈？

3.各部門工作職掌是否發放？——Lawrence

4.損益表——周工

5.爵士店員工意外事件的解決進展

6.歌薇活動的進展

7.年中檢討會——爵士店事件解決後

8.美容美髮培訓周一恢復

9.美髮教材的印刷

10.大漢口店店長人選

與周義文、魯豔霞談話

1.周國勇、張軍、黃波波與倪飛共赴上海？——魯豔霞稱周國勇等與此次染膏的選用事情絕無關係，共赴上海只是湊巧

2.下月染髮比賽所用染膏換美奇絲，堅決砍掉露新蘭

3.與周義文談總店店長人選的相關問題

7月27日

09：30 給裝修店（百步亭店、武大店）員工講話

與李治國的談話

1. 工資還沒發。管理處有錢漂流，為何沒錢發工資？羅敏說一個店沒交管理費就不發
2. 一部沒有督導，唯一的督導郭攀在大漢口店（基本都在二部）

與葉子的談話

1. 外地處長住房補貼的商洽——每人補助800元/月

與董事長的談話

1. 總經理要加強巡店，且帶上處長
2. 下月大活動期間的業績緊盯
3. 執照辦理進度順利
4. 工程隊問題
5. 美髮教育訓練問題
6. 組織運作——盡力發揮各人的工作職能

與人事部的談話

1. 分店選拔安全監督員事宜不易實施，應從根本上讓員工學習安全和急救等相關知識，從而也可以提高店長職能

與鄂州店店長陳海濤的談話

1. 隔壁髮源地裝修豪華
2. 天氣太熱
3. 要與處長曹華斌加強互動
4. 患有疾病的員工馬上回去休息並補助1000元

與劉鎮瑞的談話——退股問題

14：00～16：30 管理處會議

1.曹華斌提出：

① 老師異動性較大，有時積極，有時消極，並把負面情緒和言論散發到員工之間

② 發現問題後解決問題的能力還不夠

2.三個部的技術課長和三個燙染老師下店檢查商業髮型

3.教育部對大漢口技術關注，周義文親自教授髮型師，整體能力有待提高

4.老店翻新培訓正常運行中

5.美髮教材正在印刷中（740元/本），目前先印一本看效果

財務部報告

1.業績完成率和美髮營運部有較大出入，等待核實

2.落後店：

一部：黃岡、姑嫂樹、航側

二部：江漢二店、球場路、香江、花橋

三部：沌口、大成路、虎泉

3.鄂州、黃岡查帳——有所出入，說是補到工程款裡去了，等待核實

4.收銀員調去成都，目前已就位

5.虧損店管理費一定要交

6.房租、工程款等外借款項一定會儘快追回

7.人事工資異動表的公佈

人事部報告

1.退股無人接，股金如何退？

2.門禁系統有誤，可否配上時間顯示？

3.安全監督員選拔事宜不實施

4.團體意外險的購買——金額可否再進行洽談，降低一些

辦公室報告

1.晚上培訓教室的衛生和安全等問題要加強——電扇、電燈開通宵，垃圾滿地

2.樓下太陽傘的設計和配置

毛巾廠

1.耗損的計算：我方派人去點數，然後將其賣掉

2.據其資料再進行新一批毛巾的配送洗滌

執行長講話

1.毛巾廠每月做一次報告/是否需要為司機和鍋爐員購買保險？

2.西門町的後續事宜，曹華斌要緊盯

3.財務查帳後若存在問題，該罰就一定要罰

4.教育部要儘快統一教材，授課期間不要有多餘的言論

5.員工一定要辦健康證/簽勞動合同

6.人事工資系統已經開始運行

7.感謝爵士店事件處理小組

8.歌薇的進展——最後幾天還是加把勁

9.爵士店事件和友誼南路店事件歸檔，建成危機管理手冊

10.8月3日蒙古遊出發，巴厘島9月中旬出發

11.企劃部要報導下月大活動的相關人員/毛巾廠辛苦的勞作人員

12.大成路店一心大裝修，群光店考慮是否關掉？

13.虧損店管理費一定要交

7月28日

執行長

1.吳家山漏水問題——店長與房東洽談，不關工程隊裝修責任

2.大成路、群光店裝修？關店？

與胡左奇的談話

1.老師的激勵機制不夠

2.胡老師應瞭解各類課程，並作相應總結和分享（配以照片）

3.以後課程最好定為非技術課程30%，技術課程70%

4.內部資源交叉使用，從中培養講師，更好的傳承技術

5.可以收學生些許費用，足以支付當天講師的薪水

入股股東會見

1.相關人員反映美容培訓現在還可以，不過再嚴格一些也可以

2.沌口店髮型師劉娟希望日後成為管理處老師

3.古田店美容班長反應有些時候教授的課程不斷重複

4.作為分店管理者必須多看書，增長自身知識和能力，才能更好帶領員工

5.梅苑店下月業績爭取突破30萬

7月29日

1.收銀員手冊——1個月內完成

2.周義文8月1日總店上班

3.露新蘭染髮活動還是做

4.歌薇後續工作再談，美奇絲方面周義文跟進

5.下周一要報告鄂州店疾病人員未離店事件

7月30日

1.爵士店事件已經徹底解決
2.鄂州店員工因病必須離店
3.8月份活動要跟進
4.《椰島風》——Mars跟進

7月31日

與曹總的談話

1.要加強與部長的溝通
2.歌薇3000套，20人臺灣行——陳祺剛行程安排
3.大成路決定原店裝修
4.群光店繼續照常營業，靜觀其變
5.深圳一店決定盤掉
6.鄂州店員工今天離店，七處另覓股份

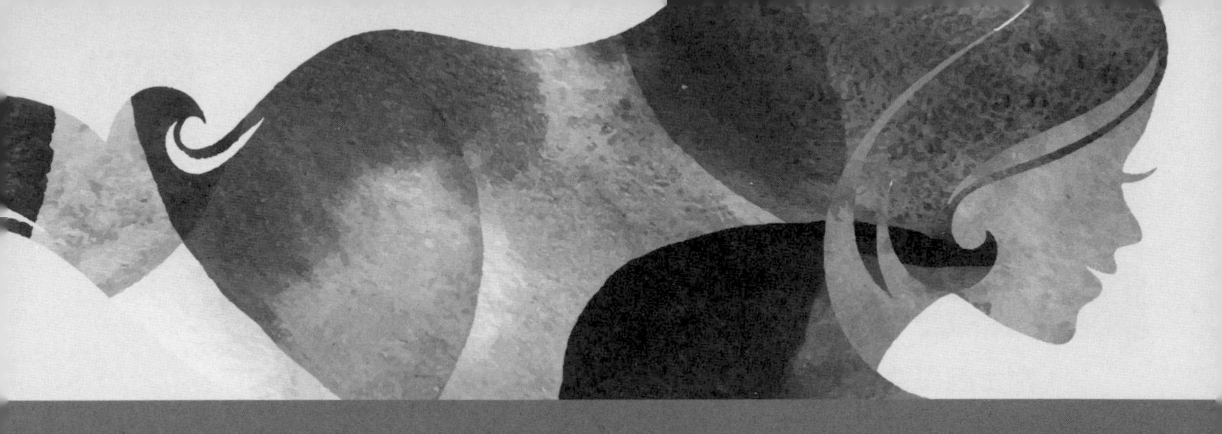

2009

8月

8月3日

1.教室門口課程表過期或者沒有放置

2.8月活動短信表示不發：高雄店、郭茨口店、常青店、沌口店、華科店、光谷店

3.露新蘭染髮活動統計——經營部or客服部

14：00 管理處例會

（美髮經營部總經理、三位部長全都缺席會議，有相關言論說經營部不用參加管理處會議）

美髮經營部

報告8月活動方案的激勵機制

曹華斌

報告鄂州店患病員工事件

財務部

1.分店工資核實，對多發了的進行罰款

2.督導工資的調整也要填寫「工資異動表」

3.收銀員調往襄樊（那邊財務有問題）

4.重慶財務二次檢查

人事部

1.7月工作總結

2.團體險的購買：總部和分店分別先墊付，不足1年的員工全額扣除

客服部

1.分店的獎勵機制（若有顧客點名表揚）

2.投訴處理&求助處理

防損部

1.大廳設崗：體現了公司的正規性

2.門禁系統：未有工牌者一律不許隨便進入辦公室內

培訓

1.防損員每周六進行理論和軍事培訓

2.管理處人員進行消防培訓

周義文——大漢口店

1.衛生很糟糕，已聯繫保潔公司，開支和請阿姨差不多

2.鏡臺卡和吊旗設計都存在問題，活動布達還是不夠

3.客戶經理能力有待提高

4.勞動合同要編話術，否則很難實施

5.寢室安全問題，要選派並培訓寢室長

6.客服部的投訴建議按「處」分別報告

執行長講話

1.有罰必有賞，可以建立獎勵機制

2.鄂州店員工事件募捐可以實施

3.8月大促銷案的跟進（報紙、短信）

4.經營部為何都不開會

5.美容蒙古行已出發

6.本周內會找美髮部所有老師進行單獨談話

7.勞動合同要編話術

8.分店寢室和現場都要加強安全檢查

9.離職人員及各類廠商不得隨意進辦公室

10.退股無人接時由管理處接收，1/6退

11.江漢一、二店合併後續事宜——股東協議，異店劃卡

12.下期《椰島風》的跟進，為何這期的內容還是5月份的

8月4日

與James的談話

1.周義文臺灣行計畫再做商榷/雖擔任大漢口店店長，但仍屬於美髮營運部總經理管轄範圍
2.胡左奇收集每位老師的簡歷，以便與其談話/教育部老師的心態要多加關心
3.美髮部部長可以不參加管理處會議，總經理參加後再對其進行布達
4.工程部對王姓和黃姓兩個工程隊態度截然不同，建議成立裝潢公司
5.物流部可以發揮更大效益
6.為鄂州店患病員工募捐的公文撰寫和發佈工作加緊進行
7.行事曆更新
8.8月活動的戰報要隨時布達出來

巡店

大漢口店

1.關注三隊間的PK進展
2.查閱業績、客數、辦卡業績都還不錯

江漢二店

1.器具、桌椅髒亂
2.人員流失量較大（之前一店的所剩無幾）
3.店長休息（冷亞強&孫小勇）
4.頂樓基本不會有客人，暫作訓練場所，但太熱，無法正常練習

8月5日

找美髮教育部老師單獨談話——胡玉波、萬成、沈華軍

美甲合同劉咏輝正在著手起草

大漢口店

1.收銀台/水吧完全沒有冷氣
2.衛生狀況堪憂
3.與美容合辦活動

新華家園店股份問題

1.張軍當初無錢，隨即被默認為放棄，現跳出來說當初只說暫時無錢，沒說放棄，而且也沒召開股東大會
2.執行長明後兩天處理此事，之後給張軍答覆
① 以後任何店都要召開股東大會
② 任何此類情況，股東當事人要簽書面協議，承諾放棄才可視為放棄

8月6日

美髮教材印刷本出爐——再作修訂

10：30～12：00 2009年度第一期準師班畢業典禮

大成路店重新翻修股東會議

1.現欠款大約在7萬左右
2.整體裝修費大約35萬（包含欠款7萬），但董事長承諾欠款可以免除，則整體裝修款大約只需25萬
3.管理處貼房租1萬（為期3個月，房租全額1.2萬）

4.店長皮先玉不願原址重裝（已毫無信心與戰鬥力）

與董事長的談話

1.裝修店股份再分配問題
2.美髮教育培訓事宜——15日開始，將分店6、7兩個月平均業績5千元以下的設計師拉回來進行為期2天的培訓，每期50人左右
3.美髮促銷案要緊盯——黃芳14日之前將下月促銷案拿出來，25日之前全部布達完成
4.黃波波設西南4處，包括建設店和洋華堂店，十堰片區處長有待斟酌

17：00～18：00和鄧麗君談話

18：00後與黃波波吃飯談話

8月7日

09：00～11：30 美容臨時討論會（蒙古行結束後）

1.蒙古行人員外出交流不夠，多以小團體或個人為主，團體活動效果不太理想
2.上月三個區域的平均業績高達90%以上，是可喜的
3.理工大違規卡的處罰決定
4.本年度應該會超標完成業績計畫
5.人員提升問題
① 該提的不要放，立即任用；能力還不夠的不要盲目提升
② 被提升人員月底前要做書面申請，下月1日來管理處和總經理、部長進行面談
6.艾瑞部和艾瑪部的監察能力和體現之績效有待提高
7.總結冰波球推廣不利之原因，決定之後改為療程劃卡

8.退卡流程的制定

9.分店人員請假、休假和換休情況混亂，要趕緊製作嚴格的規章制度

10.顧問和店長的福利要分開（每月股東店長都需要到外面美容店體驗一次，可予以報銷，但顧問不可以）

11.會員卡制度要再做補充和修訂

12.下半年還會開5個店，需要5個店長和5個顧問，這就需要管理處提前做好人才儲備

13.顧問連皮膚生理學等最基本的專業知識都不知道，急需拉回來培訓，皮膚測試儀的使用也要進行培訓——9月份，計畫將所有顧問和技術總監拉到田田培訓基地進行為期六天的培訓（初步計畫）

14.老師今後實施走動式學習，相互聽對方的課（總經理和部長等最好參與）

15.教育培訓應與其個人業績掛鉤，這樣才能激勵員工主動來管理處報名學習

執行長發言

1.教室門口要張貼課表

2.各個職位的培訓要分開，尤其是從顧問一級開始（本級開始生產業績）

3.各種證照最好辦理齊全

4.GSP認證能否辦理？

5.因為顧客抱怨（服務、技術）的退卡現象不容原諒

6.升職人員面談會的形式很好，建議美髮部仿效

7.美髮和美容的股份只能交叉占取5%，不可再多

8.洋華堂美容店（建議發展外地市場）

9.以後任何團體外出活動，要做好前情教育（在外人員的秩序管理、禮儀知識等）

10.ESPA現有一個對我們很優惠的贈送政策（以後ESPA的相關活動都要告知董事長）

與黃波波談話——新店裝修策略

與周國勇談話

8月10日

14：00 管理處例會

1.深圳一店開銷過大，達到14000多元

2.店長有私自發放獎金和補貼工作現象

3.以後每月給外地處長住房補貼800元

4.健康證和勞動合同武漢市內已完成90%，之後會派人出差前往外地監督完成

5.8月18日舉行年中檢討會

執行長發言

1.辦公室環境

2.美髮部業績完成率差1%，希望加油

3.虧損店提出並交予Lawrence

4.劉慶要對大活動的進展做戰報

5.歌薇本月還有1000套任務，儘量賣

6.六分店股份分配問題

7.以後裝修/關店都必須走嚴格的流程，有董事長和執行長簽字方可執行

8.西門町的業績報表須和我們同步

9.管理處要多關心分店的問題和難處

10.處長各項補助要再做商定

11.以後各單位要做支出預算（每年11月開始制訂明年的）

12.與老師的溝通正在進行中，多瞭解老師的困難和問題癥結

13.鄂州店募捐事宜

14.大漢口店的設施設備問題

15.宿舍安全一定要加強，防損部要不斷巡查

16.西南四處處長黃波波正式任命

17.設計師改善流程的演說

18.設計師精英班上課建議案的演說

19.飲水機的改良

20.收銀員的辦卡任務

董事長發言

1.處長會議要做好充足的準備

2.員工要具有主動性，尤其是總部人員

3.客服部要每周對店長回訪一次，瞭解他們的情況和困難

4.高層人員應接收科學化的系統，不能盲目的完全遵循老式經驗

5.處長需要更大空間和實權去管理分店，調用經理/督導等

6.嚴厲打擊員工無止境的攀比

7.客服部要成立VIP檔案

8.財務管理要更加權威，建立成本控制中心

9.大活動舉辦失敗要做檢討

10.企業文化的檢閱

11.工程部差旅費的商定

8月11日

09：00～13：30 處長會議

1.處長通訊錄要重新影印
2.會議資料下次要做改進
3.十堰和重慶的督導選派
4.分店裝修的流程強調
5.分店取消店金
6.工程款不到位就不執行，管理處以後不再墊付
7.大漢口經理
8.收銀員工資改革（與最初類似，任務與工資掛鉤）

8月12日

與James、葉子、周俊、張婷的談話

1.光谷店下月中旬左右做Show
2.六店股份分配問題
3.一年中入股時間就定為三期，其他時間不予以入股
4.更股要發文通知
5.退了股的一定要退出股權證
6.股權證要有存根
7.股權記錄要電腦化（股權卡）
8.每月處長會議上要宣佈各處股權變更明細
9.以後新制度的執行：總部45%、分店45%、部長/處長10%

與胡左奇的談話

9月1、2、3日開店長班，執行長親自授課，安排：

1.40名店長（3天學費300元，包括一本書《百萬店長》），部長和處長若願意也可以前來聽課（免費）
2.學費收入大約12000元，用作店長班基金，獎勵學習好的店長

與羅明軍的談話

1.裝修後信心大增，店內客量和業績都有所提升
2.有意尋找第二門面（沃爾瑪）
3.不要急功近利，先做好今年的業績，將客量和品質都做到穩步提升後再做其他動作
4.要形成差異化競爭，在當地做成一個知名品牌，不斷適應當地人的需求
5.郭茨口店的股份在未得到通知的情況下被退了，很氣憤，要求立即解決
6.分店（新華家園）在投入裝修款的那個月沒得到應有的分紅，且裝修款在這時被退回，感覺是為別人出了裝修款，很氣憤，要求得到合理解釋和解決辦法

16：00～17：30 股份相關事宜股東會

1.舊店翻新如何計算剩餘價值？
2.退股退到幾點才合理？
3.退股以何種方式通知？
4.退股後，股權證如何收回？
5.以後新股分配案的執行（總部和分店各占45%，部長/處長占10%）

8月13日

09：00～10：00 與駿總、James談話——股份問題

10：00～10：30 與朱明凱老師談話

11：00～11：30 與人事部張婷談話——人事工資問題（婚假、產假期間的工作發放問題）&宿舍管理制度的制訂

13：30～14：00 與丁玲老師談話

14：00～17：00 與周義文、付少文談話——大漢口店相關工作/深圳一店盤掉相關事宜

8月14日

與周工談話——股權分配的電腦化&股權卡的設計

店長班PPT的準備

代漢誠的股份問題

8月15～19日

回臺灣進行工會選舉

8月20日

1.店長班的前期準備工作

2.5000元以下設計師培訓再繼續（30人）

3.黃芳下月活動28日布達

4.臺灣行延期至9月13日

14：00～16：00 年中檢討會

美髮部

1.到7月份，美髮店總共76家

2.到7月份，共完成業績6064萬元

拓展部

1.性價比不高（投入太大，收益較小）的店情願放棄

2.尋找店面的指標可以完成

美容部

1.業績完成率達58.33%

2.下半年計畫開4家新店，幹部級人員已有儲備，還要招聘美容師

3.下半年5個月要完成業績500萬

財務部

1.收銀員工資的調整（定任務，更具激勵作用）

2.店金的取消

3.各項財務支出都要掌握，每一分錢都要知道去向

物流部

1.庫存的產品要儘量消掉

2.採購流程要更加嚴格化，並作出預算，給店長簽字

3.歌薇的產品在9月之前還要儘量賣

辦公室

1.分店要加強周邊人員的關係處理能力
2.特殊事件如爵士店等事情的處理

執行長發言

1.美容部要加強外地店的發展和醫學美容
2.拓展部在找門店時應首先考慮美容和美髮合開
3.椰島網站應重新設計，要求更時尚更能吸引年輕人
4.CIS系統
5.分紅和股權的分配一定要經過執行長和董事長的確認後方可執行
6.各類公文和必要的會議記錄要公佈出來
7.分店特殊事件製成手冊
8.物流部要注重質、量和價格
9.辦公室主任可以將各類辦證和處理周邊事件的流程和相關事宜製成手冊或佈告，分發給分店主管

8月21日

分店授權書的擬定——人事部

與代漢誠的談話

1.代漢誠堅決不同意退股，表示未接到任何通知就被退股
2.新華家園店股東在裝修期間都未繳款
3.找出2007年代漢誠與管理處簽訂的股東協定上，明確表明管理處在這種情況下可以按20%退股金（這是執行長最後給予代漢誠的答覆，但代漢誠表示堅決不能接受）

參加美容區域經理會議

8月24日

1.大成路股份

2.群光店墊資問題

3.拿執照去貸款的事情以後堅決不允許

4.入股時間改到每月月初

5.新華家園店代漢誠股份問題

管理處例會

1.業績較低的分店

美髮：黃岡、利濟路店、常青店、友誼路店、長豐店、沌口店、虎泉店

美容：長豐店、吳家山店、天梨店、鄂州店、紅鋼城店

2.對襄樊店和十堰店進行財務檢查，之後會去貴陽

3.梅苑店店長、副店長挪用公款3天，不知用在何處？——罰款

4.收銀員為期3天的學習

8月26日

1.代漢誠事件上絕對要堅持原則，最多只能退60%

2.29日周六與歌薇的倪飛談臺灣行事宜

3.與付少文談話

① 夏雨很少待在店裡，但考勤卻是全勤

② 店面沒有好的買家

③ 房租太貴，根本沒有利潤可言

④ 要轉讓，股東要簽同意書

4.青山門面有待商議，不太可觀

5.劉飛和付少文出差深圳的費用報銷問題——以後不要隨意派遣非主管人員出差

8月29日

1.洽談臺灣行的安排

2.9月1日開始為期3天的店長班培訓課程準備

8月31日

與魏玉剛老師的談話

1.中下層設計師的技術，尤其是大頭要緊盯培訓

2.9月份燙一送一活動對提升店內技術沒什麼幫助，可以說是為了應付業績任務，並且很大程度上影響了10月和11月的業績

3.只有從根本上提升技術，逐步提升任務的制訂，才能有效激勵員工認真去創造業績，珍惜自身的勞動成果

12：00～13：00 入股股東會面

14：00～16：30 管理處例會

美容部

1.業績完成率達103%

2.大漢口店諮詢電話要做改進

教育部

1.5000元以下設計師的後期跟蹤

2.5000～12000元設計師的培訓計畫

美髮部

1.業績完成率達93.5%，大頭翻了一番

2.友誼南路店有進步，大頭突破400個

3.羅杰的店沒有利潤

西門町

1.9月9日開始做活動

財務部

1.收銀主管調往深圳，自己之後也要出差深圳

人事部

1.外地的勞動合同比較難辦，之後可能出差親自監督辦理

2.要儘快確定股東合作協定書

3.出於對身份證的收集情況，目前保險只有1000多人可以辦

客服部

工作報告有待改進，不要流水式讀報

辦公室

1.飲水機事宜

2.月餅的訂製

3.金牌店和明星員工的評選

4.鄂州店患病員工事宜已妥善解決

電腦部

1.人事系統

2.股權系統&股權卡

毛巾廠

1.盈餘1.5萬

2.烘乾機1.7～1.8萬

3.增加一名司機晚上跑

執行長發言

1.5000元以下設計師追蹤以及獎勵機制

2.5000～12000元設計師培訓計畫3天內拿出來

3.人事檔案25日之前解決

4.勞動合同和身份證的統計月底之前做好

5.外地學習，可以將教材發給他們自教

6.各店的資料絕不許外人拿走

7.客服報告要改進

8.臺灣行由周義文負責，Lawrence協助毛巾廠

9.管理處會議人員要確定

10.防預H1N1

董事長發言

1.爛店要緊盯，拉回來開會學習

2.客服和周工協作，建立顧客檔案

3.商標註冊跟進——馮慧

4.外地分處學習事宜&老師工資

5.股東合作協定書（投資必定有風險，各位要謹慎投資）

6.管理費要收回

7.網路上的問題不要太在意，更不要肆意傳播

8.人事部和財務部都要學習人事系統的操作

9.一定要減輕周工的負擔，安排其在管理處上班

17：30～19：00 第一次股東大會

1.說明公司成立的目的

2.相關問題的提出和解答

3.新制股份與分店股份分配的相關事宜

4.下次會議：9 月18 日16：30

2009

9月

9月1日

店長班——《百萬店長》

1.椰島的核心競爭力
2.店長職責
3.各類大型促銷活動手冊
4.分店也要有會議記錄
5.主管要實行一班制
6.店面周邊市場調查方法和時間
7.與周圍商圈的互動
8.善用客戶經理

9月2日

1.各類表格的說明和製作
2.外賣產品的銷售
3.企劃案的製作和宣傳布達
4.店內細節問題的注意

9月3日

1.相關單位的互動
① 各店之間相互觀摩
② 毛巾廠
2.主管四大責任
3.所有店長分為六組，利用所學知識，針對7月份業績最後六名的分店做業績方案（為優勝隊頒發執行長所著書籍，並拍照留念）

9月4日

1.與周義文談話

① 臺灣行的行程安排

② 對外需要注意的問題和需要提出的問題

③ 分析如何提升現金業績

2.瞭解南湖二店的裝修尾款問題

3.辦公室人員座位的安排

4.8月任務獎懲結果&9月任務制訂和布達

5.月餅一定要在15日之前分發下去——馮慧

9月5日

1.交待出差行程和相關事宜

2.8日早上去田田基地巡查美容培訓

3.臺灣行的安排事宜

4.大漢口經理人選的安排

5.與周工討論系統問題

9月7日

1.督導工作時間的改動問題

2.出差事宜的最終敲定

14：00～15：30 管理處例會

美髮部

1.8月活動的獎勵

2.9月活動的布達和激勵方案

3.據說有外地店不做9月活動

4.「蟹行天下」活動準備

教育部

1.培訓課程安排（染髮培訓因無教室可用，只好安排在產品公司）

財務部

1.外地區域擅自發文

2.深圳一店關店後續事宜的處理

客服部

1.店內開通長途電話

2.燙染「不滿意」在「總不滿意」顧客中占63%

執行長發言

1.客服部工作報告的改進

2.全年度節假日要提前公告

3.出差費用預知方案

4.人事部要緊盯出差報告

5.各處不得擅自發文

6.7000～9000元設計師培訓方案

7.開關店標準

8.分店授權問題

9.工程部驗收標準和時間

10.大客戶資料的收集和回訪

11.大成路店和友誼南路店的後續工作

12.教師節和中秋節的禮物

13.8月活動前後5名做成教案

14.半杯水理論

15.臺灣行和巴厘島行的相關準備

董事長發言

1.各部門開會一定要報告（兩三句也可以）

2.不作為員工和腐敗員工要嚴厲查核

3.節日禮物要提前準備

4.業績要層層緊盯

9月8～11日

巡店行程

9月8日 武漢/貴陽

9月9日 貴陽/重慶

9月10日 重慶/成都

9月11日 成都/深圳

9月14日

與思思談話——出差報告

與周國勇談話

1.督導的薪資與業績掛鉤方案

2.友誼路店的最終決定

3.貴陽七店的選址（是否繼續開）

4.重慶、長沙、深圳都還有很大的市場可以發展

5.成都髮源地一名資深主管幫我們找門面，並有意加入我們

6.目前我們發展外地，最主要的就是缺人

與王紅兵談話——外地店（尤其是新店）裝修情況（很糟糕）

與阿良談話——友誼南路決定轉讓

與人事部談話

1.工資表事宜
2.退股問題
3.折舊費、保證金

管理處例會

美髮部

1.襄樊店/長安店/東坑店感覺無人管
2.高雄店12天業績才9000多
3.回訪制度

美容部

1.田田培訓對本期業績下滑有很大影響，但後勁很足，應該問題不大
2.大漢口店很不理想

財務部

1.收銀員下半年工作計畫（和業績掛鉤）
2.雙重獎勵的弊端和改制
3.國廣店私自發給員工的獎勵要追回（4700元）

拓展部

1.大成路店、友誼路店轉讓
2.新門面的接洽

客服部

1.不滿意率要分部、分處

2.回訪真實性及相關問題

3.相關部門和人員的溝通問題

物流部

1.新倉庫的準備工作

2.深圳一店的盤存

3.臺灣行的安排

執行長發言

1.外地店裝修問題——要求實用耐用（尤其是鍋爐漏水問題）

2.分店抱怨問題

3.西南區域市場很好，有待發展

4.公章絕對不可以隨意給予，分店分處也不可以私自發文

5.羅明軍必須帶好襄樊店方可出去發展

6.教育訓練部有了很大進步

7.人事勞動合同有和外地店主管溝通，但還需人事部後期緊盯

8.分店和總部的各類名片要統一

9.月餅的品質問題

10.所有設計師要拉回來培訓一輪

董事長發言

1.嚴厲斥責公司內部興風作浪的人

2.祝賀並表揚大漢口店日大頭超過100個（140個）

3.總部工作人員接聽電話話術/來訪接待禮儀培訓

4.善用督導

5.大家要支援並協助西門町的工作

9月15日

1.處長會議相關資料的準備

① 從各部門來驗證3S體系的逐步實現

② 去年和今年相關資料的比較

2.友誼路、大成路相關問題的商討

9月16日

1.Mars

① 教育部教材

②《椰島風》

③ 田田培訓

2.關店流程的撰寫

3.鄂州店患病員工的處理——曹華斌

16：30 督導會議

1.張娟升遷為督導

2.各督導所管轄分店的重新分配

3.各管轄區域內預虧損店的報告

4.回訪的相關工作：① 巡店檢查 ② 表格的上傳 ③ 作假現象

5.《經理日常工作手冊》

執行長發言

1.會議要有主題，嚴肅認真

2.任何員工不得和公司談條件

3.入職金不得隨意取消（做任何事情或是變更不得隨意進行）

4.理清督導、處長和店長的關係

5.督導所管轄片區的業績、回訪等相關工作的有序進行

6.督導工作職責的理清

9月17日

1.處長會議的準備工作

2.友誼路店的後續工作

3.鄂州店患病員工相關問題——嚴禁其進入公司和鄂州店以及宿舍等地

4.威娜產品公司（P&G）相關人員主動接洽，希望我公司成為其產品代理商

執行長交待事宜（赴台期間）

1.9月的業績追蹤和總結

2.10月的促銷活動

3.周工的電腦系統進度

4.人事檔案（月底）

5.授權書的敲定（人事部）

6.督導的業績/《督導手冊》（日常操作手冊&工作職責）——黃芳&人事（初稿）

7.《椰島風》

8.店內回訪話術

9月18日

09：30～12：30 處長會議

14：00～18：00 處長學習

1.貴陽行銷策略：

① 遞增式充卡

② 短信通知，積分返利

③ 經理分行政型經理和行銷型經理

2.西安概況：

① 日均大頭20多個，單價較高，因此暫不做燙染活動，以最好的狀態做好目前的顧客，但主要問題是嚴重缺乏燙染，尤其是短髮的剪燙染

② 西安七店9月28日開業

③ 冷夏雨反映人事部扣押金，扣滿又重複扣

執行長發言

1.處長會議資料不要外泄

2.「3S」講解和說明（目前管理處正在做的）

2009

10 月

10月6日

1.代漢城：劉飛&法律途徑找尋

2.公司&授權書（稅務&體制的健全）：人事部、財務部

執行長發言

1.倉庫要搬回來

2.由於店越來越多，外地配貨越來越難，希望可以製作相關報表來協調工作——魯豔霞計畫在明年的配貨工作中能夠實現

3.毛巾廠烘乾機的安裝和檢查8日之前可以安裝完畢

4.貨車發生車禍（劉師傅）保險/手術

5.美容進退貨——計畫實現退單方式，不要以實物退

6.付少文：深圳一店4000元押金——阿勇

7.常青店業績不好——田朗緊盯

8.胡左奇離職

9.督導的業績掛鉤

10.店長、經理操作手冊——人事部

11.梁隊受傷

12.下月臺灣相關人員椰島行

13.天津、上海相關人員來訪19日來，並參加20日螃蟹節

14.收銀&經理的上班時間（11小時）&薪資

15.黃岡店入股問題——請James特批

16.大花吹風課程——Lawrence

17.沌口店事件——劉飛緊盯

18.長安店的帳公開給各位股東——葉子

19.處長會議的時間

20.11月份是否需要做促銷？

21.保險的購買——James說人太多？

10月7日

1.《椰島風》/店長、經理手冊緊盯

2.CIS手冊重新設計——劉慶（3個月內）

3.西門町軟體為何要與我公司不同——周工

與臺灣相關人員洽談培訓課程

主題：業績倍增數（針對各店不同需求，進行培訓）

主要內容：

1.提升各店不指定客數，穩定現場人員業績及穩定度

2.讓團隊組織的向心力更凝聚

3.讓現場人員知道一個客人來之不易

4.訓練現場人員口才、膽識及陌生開發能力

5.讓資深人員的業績有突破性提升

6.讓資淺人員也有更多、更快速的客數

10月8日

財務部

1.管理處員工出差報銷制度

2.收銀（主管）工作安排建議書

3.新華家園店開始有顧客要求退卡——儘量拖延

人事部

1.股份分配問題

2.保險辦理問題——手續已全辦妥，資金未出（James建議暫停）

拓展部

1.外地房租改簽行動暫停

深圳一店阿勇：夏雨貪污事件

1.轉讓費/水電費押金

2.9月22、23日拿的4000元水電費押金，次日，夏雨致電阿勇，問其是要兩人對分還是交給公司，阿勇說交給公司

3.關店時也未開股東大會

4.21萬卡金未消

10月9日

孫小勇&阿良——準備在青山開店，現有實力者欲求合作

1.對方開有十多家規模較為龐大的網吧，擁有很多潛在門面

2.欲求入股合作，不要房租（但執行長堅定房租要給，股份不可多給）

入股股東見面

收銀主管會議

1.檢查分店收銀員儀容

2.操作流程和規範

3.相關人員報銷制度的遵守

4.顧客檔案的維護

5.店內各種費用的控制和檢查

與客服部主管談話

1.分清各種重點（顧客投訴和來訪）

2.協助部門的關係與交接工作的理清

3.薪資問題

10月10日

1.上海歐文經營者來訪

① 美容&美髮：500㎡，20～35萬/月

② 客單價：美髮50元，美容120元

③ 客量：80～120個/天

④ 美容著重中醫養身&科技

2.美容9月虧損店匯總

3.到大漢口談話（美容嚴重虧損）

4.與中國銀行相關人員洽談

10月12日

與劉咏輝談話

1.青山的門面

2.上海歐文的回訪：16日赴上海（執行長、劉咏輝、James）

3.深圳——夏雨事件&三店的門面視察

4.鄂州店無錢（不走流程）就不能裝修

5.成都門面視察報告（基本OK）

與Lawrence的秘書談話

1.工作態度

2.工作重點

管理處會議

美髮部

1.9月獎勵的發放

2.旅遊地點的確定

企劃部

1.《椰島之歌》

人事部

1.團險的辦理

2.股份協議補充條款

客服部

1.會員卡的通用意義？

2.標準的會員制度

執行長發言

1.分店股份分配確定

2.總部人員用詞要再三斟酌

3.外地租賃合同由公司統一簽署

4.公章的申用要嚴格按照流程

5.倉庫要速速搬回

6.授權契約書的修訂完成

7.11月是否需要做小活動？

8.要與西門町保持密切聯繫，任何活動和公章切不可忘掉我們的關係單位

9.小林董事長、天津、上海相關人員參加螃蟹節

10.老師的對外學習

11.財務部人員一定要儘快補齊（今年要將明年的都補齊）——人事部

12.公司不得給分店裝修等事宜墊錢

13.任何相關送禮（紅包）都要統一登記

14.工程部相關避嫌

董事長發言

2010 年——一個明媚的春天

1.會員卡&銀行卡

2.要積極解決分店問題

3.椰島相關文字、話語等資訊的收集工作

與財務部&人事部談話

1.外地店員工入職費今後也從工資裡直接扣除，以免店內主管挪作他用

2.人事部和財務部要對相關人員名單做核對

10月13日

09：00～09：30 美容區域經理會議

1.椰島美容歷史記憶的收集

2.站在分店的角度，全心全意為分店服務

3.要對得起投資的每一分錢，珍惜分店賺取的每一分錢

09：30～10：30 與周俊前往中國銀行

製作處長會議內容

1.相關文字的整理

2.歡迎天津、上海的來賓橫幅標語

與劉慶談話——製作流行時尚的東西

與馮慧談話

1.代漢城事件

2.劉師傅事件

3.物流部倉庫租賃事宜

10月14日

1.代漢城事件——雙管齊下
2.大漢口美髮美容財務分開
3.與田朗談工作心態
4.劉咏輝做青山門面、上海歐文以及成都門面的洽談前置工作
5.與波波談話：瞭解周邊同行業的相關事宜（如瀘州明名仕，幾家店中最高的一個月做100萬，最低的也有50～60萬，上個月有家店更是一天做了20萬）
6.與督導共進午餐，瞭解督導的工作狀態
7.鄂州店裝修事宜
① 未召開股東大會
② 資金未到位
③ 不同意裝修隊墊支
除非以上事宜都解決，方可關店裝修，教育部才能開始進行培訓
8.江漢二店冷亞強退股事宜跟進

10月15日

1.處長會議的資料收集和整理
2.與冷亞強的談話——退股問題
3.16 日出差上海歐文的行程安排和前置工作

10月19日

上海歐文出差報告

1.共8家店（7家在上海，1家在松江）

2.招牌暫時不改，先進行體制改革

《經理手冊》的查閱和指導修訂

與周義文談話

1.大漢口入股

2.妮可入股問題

3.客服手冊

4.月底推出新髮型

與倪飛等人談話——歌薇染膏

與葉子談話——收銀員王婷做假帳相關問題

1.重複檔案做假帳

2.立即停用此人

3.劉飛處理新華家園事宜花錢無果

10月20日

勞動局突擊檢查——23日早上備齊資料去江漢區勞動局接受檢查

商標授權書的修訂

大漢口店羅娜離職，但要求不退其股份——周義文堅決不同意

與曹總談話

1.周俊的股份問題

2.民生銀行合作事宜

3.新華家園店收銀員王婷
4.歌薇在月底對我們20家店進行試運行
5.深圳一店相關事宜
6.成都步行街店
7.青山門面擱置
8.吳家山店相關事宜
9.大漢口美容的租金未變

代漢城事件

1.人已找到
2.儘快給錢他，同時將雙方對話進行錄音
3.檔案全部要拿回

10月21日

與葉子談話

1.與銀聯洽談合作事宜
2.隨後將和周工討論劃卡系統問題

與黃芳談話

1.大洋店股份問題

與楊毅談話

1.店內獎金的出處
2.老余的工作表現

11月出差行程

1.11月2日啟程，為期一周

2.與曹總、劉咏輝同行

3.天津、瀋陽、大連、長春、吉林、哈爾濱

關店的前置工作

1.一定要把股東和卡金首先處理好，方可執行其他動作

西門町法人代表變更

與葉子、周工談話

1.要儘快安裝正規財務軟體

2.與銀聯相關公司洽談會員卡的問題（24日14：00）

10月22日

與王婷談話

1.王婷自認是因為疏忽和懶惰造成的帳務問題

2.將請法律顧問與其接洽

3.將檔案全部拿回後，首先對帳

成都一店的培訓

11月初的出差行程再次確認

與周義文談話

1.開店

2.股份

3.《經理手冊》

10月23日

1.鄧麗君退股問題——因為得了中耳炎，病情較為嚴重，需要治療費用，要求退掉所有股份？
2.西門町法人代表
3.《經理手冊》的整合
4.深圳三店的股份（確認還未分）
5.與周義文談話：外出開店的決心很大
6.盛小莉的問題

10月26日

1.吳家山店講話
2.出差資料的收集和整理
3.王婷深刻檢討書
4.督導的工資問題
5.經理手冊的跟進
6.西門町法人代表的變更
7.鄭長文提出入職金的問題（不可放在店裡，更不可另用）

管理處會議

教育部

1.助理未得到設計師的積極配合，導致管理處所學的知識在店內得不到運用
2.要求武漢市內設計師回管理處

財務部

1.美容本月仍未補上上月虧損
2.財務漏洞的嚴格控制和防範

企劃部

1.會員卡的使用說明

執行長講話

1.開關店的流程再次強調
2.辦公室、教室的環境
3.外地房屋租賃合同以後由總部統一簽署
4.鍋爐使用說明書應發放到各店並張貼在鍋爐房
5.入職金不可以放在分店，總部統一收取
6.CIS手冊要加快製作步伐
7.成長店回總部培訓的流程（課程安排）
8.收銀、客戶經理交接班時要有正式明確的交接手續和記錄
9.任何發函要求分店回覆，確認收到
10.吳家山店繼續正常營業

董事長講話

1.日常開支要嚴格控制
2.財務顧問的聘用
3.拿工資就要做事
4.用人的道理
5.教育部的表現令人很高興，希望與事實相符，再接再厲
6.大漢口每月任務至少40萬

10月27日

鄧麗君退股問題（病歷已查閱）——交由人事部跟進處理

09：30～12：30 處長會議（天津夢迪來賓與會）

1.營運部業績報告

2.處長、店長考勤制度的強調

3.大漢口客情回訪流程

10月29日

劉飛事件——人事部&劉咏輝

督導工資（基本框架已出，待各位部長和相關人員共同敲定）
——人事部&部長&James

勞動局——馮慧

和陳敏談話——西門町執照&總部股份

和夏雨談話——店內員工分配&培訓&股份分配原則

和周義文談話——出差&開店&處長日行程

和葉子談話

1.檔案已拿回，羅偉奇馬上到總部領取，並點清資料，簽字確認

2.王婷事件——核帳後將其先停職，隨後安排到其他分店去做客戶經理（執行長建議）

3.股份系統軟體的相關問題

與羅偉奇等新華家園店相關人員談話

1. 所有檔案在總部留底
2. 拿回檔案時與總部要做好交接工作
3. 王婷的問題
4. 店內人員入退股的關聯問題
5. 店長應帶領全店員工保衛店內所有財產
6. 店長要用生命保護每一位員工
7. 找經理談話（經理預回家帶小孩）

10月30～31日

廬山行

2009

11月

11月2～8日

出差（與董事長、劉咏輝、周義文一行考察東北市場：天津、哈爾濱、長春、瀋陽、大連、煙臺）

11月9日

人事部（股份問題）

——深圳三店、重慶吳紅星、教育部鄧麗君

劉慶

——製作名片&清華上課的光碟（介紹椰島）

物流部

1.部門採購已離職

2.部門主管的人選

劉咏輝

1.租房合同的確定（以後所有分店的合同由公司統一簽署）

2.竹葉山店附近選址（羅明軍）

管理處會議

劉咏輝——東北市場考察

1.天津市場很大，但連鎖方面基本都不成功

2.哈爾濱整體技術很強，連鎖方面也很弱

3.長春單店都較強，但基本無連鎖，員工形象相比我們好很多

4.瀋陽較為落後，但市場潛力也較大

5.大連的時尚度最高，城市環境和市民整體素質也較好

6.煙臺王慶利是拜會人員中最有素質和思想的老闆

7.東北市場整體都不錯，但在租金支付方面存在較大困難（年付），且因氣候特徵造成店內耗能較大

美髮部

1.12月活動制定和布達

2.處長會議日期的確定

3.店內宣傳品以及相關物件（名片）的設計和發放

4.由於清零，業績未出

美容部

1.本月第1周應完成業績9.72%

財務部

1.月底試行「劃卡」——10個店（如果可行，3個月內全面實行）

2.明年各部門財務預算的前置工作

物流部

1.今年全年產品採購相關資訊的收集

2.產品預算

3.採購人員&部門主管的人選問題

人事部

1.防治A型流感

2.出差成都標榜進行大型招聘（簽署明年3月後的就業協議）

電腦部

1.分店劃卡系統的講解

執行長

1.明年的「椰島杯」

2.美髮業績應該想辦法算出來

3.物流部要積極配合美髮部12月的活動

4.財務部繼續做年度損益表

5.以後採購&裝修，公司都要留存樣本

6.東北市場考察報告——雖然渴望成長，但是多年來思想完全未變

7.隨後會去南方繼續考察

董事長

1.明年的前置工作——市場&人才

2.財務方面一定要招攬非常優秀的人才

3.團隊溫暖的思考

4.所有部門都要積極配合營運部

5.東北市場感謝——思想理念的變化

11月10日

人事部

1.深圳三店股份問題

2.江漢二店進退股的問題

入股見面會

物流部

1.歌薇染膏的活動延後

2.今年的產品匯總&明年計畫

工程部——人手增派問題&用人方法

拓展部——青山有兩個門面備選

Lawrence——年度檢討前置工作的商討

友誼南路店——轉讓金的運用？

西門町——法人代表的問題

11月11日

魯巷店

1.原美容顧客（現美容已關）在虎泉店退卡（5000元）問題及解決方案

2.魯巷店分期支付，還給虎泉店

與駿總、James、劉咏輝談話

——當某店關門時，如何向接收店支付卡金的問題（基本確定，並將此方案之後放入股東章程&授權書）

西門町合作協定

11月12日

1.西門町協議的繼續商討

2.西門町武廣美髮店人員配備問題——James

3.準備處長會議的資料

4.駿總：區域經理的薪資調整（執行長要求《調資單》加上附件——績效表現）

5.張軍的薪資問題

6.劉飛退股問題

① 已正式離職

② 湖美店（金額7000元），全退

7.與Lawrence、周義文談話——關於《客情回訪制度》的會議

11月13日

1.李升海成都三店的股份分配問題

——劉咏輝和人事部兩邊要緊盯李升海，儘快將股份分配名單交予人事部

2.修改管理處辦公室行事曆

——將本月要新開業的分店全都列舉出來

3.將煙台的蘋果派發給辦公室人員

4.修改西門町協議&分店造價表

5.與James談話

——因沒有重要事項，本月處長會議取消，通知Bily下月再來參加

6.指導李菲製作美髮部年度檢討計畫表格

7.與財務部、人事部談話

① 《商標使用協定》中涉及相關金額的確定

② 《管理顧問聘用書》中相關文字的再次修訂

11月16日

1.成都五店、西安八店員工回漢培訓

2.店長染髮班（上課後逐個進行考核）

3.公司已成立，員工必須辦理四險一金

——人數太多，加大總部負擔，建議小部分人辦理

4.西門町新店裝修事宜暫停下來，以待西門町協議問題解決
5.《美容經理手冊》本月拿出初稿
6.小郭——青山新店裝修風格的商討
7.和曹華斌計畫本周末去恩施
8.製作《經理工資核算標準》PPT
9.美髮部製作明年的業績目標計畫

15：00～16：00 美容會議

1.本月大型拓新客方案（18日開始各區域逐步實行）
2.常明紅升任區域經理（任何時候都要保有一顆感恩的心）
3.美容區域重新劃分
① 區域經理對此意見不一，未從公司利益出發
② 執行長講述《打造將才基因》，闡明如何成為將才（以在座人員舉例）

接待大連來賓

1.接待晚宴
2.觀摩美髮武漢區域全體會議

11月17日

1.接待大連來賓——午宴、巡店
2.西門町協議——與陳敏的關係是我們聘其管理西門町，而不是雙方為平等關係
3.將預虧損店情況交予李磊，讓其思考解決方案

11月18～20日

出差珠海

11月21日

1.本月底清華講課的相關安排

2.和周義文談《店長手冊》&明年「椰島杯」相關事宜

3.駿總和Lawrence每周六將工作日誌交予執行長

4.西門町協議的再次商討

5.成都五店

① 店長只持有5%股份

② 沒有收銀

11月22日

前往恭賀鄂州店開業

1.和王紅兵談裝修心得

2.鄂州店助理很好招，準備在那邊招收後送往武漢或外地店

3.貓總和劉咏輝23日去長沙考察市場

11月23日

與劉咏輝談話

1.造價表的最後修改

2.新店造價表的製作&股份分配

3.緊盯新店培訓課程的安排情況和進度

管理處會議

美髮部

1.貴陽區域是否店開多了，後面的店業績都不如以往

美容部

1.拓新客全面展開

——武昌區域9家，現拓新客2050人

——漢口區域也已經開始實行

教育部

1.老師出差培訓燙大花流程

2.管理處現場考核武漢店長、總監和設計師的染髮班

3.教室供電問題

4.沖水區的供水問題

財務部

1.美容部業績一直不好的店：虎泉店、後湖店、吳家山店

2.帳戶集中管理制度

3.水廠店「短款」已解決

4.09年工程款核算基本完成

企劃部

1.《椰島風》的製作

2.企業簡介的製作

物流部

1.統計全年工服訂制數量，以後製作相關工服訂制計畫和規定

2.關店的財產盤存

人事部

1.製作督導、客服經理的薪資機制
2.企業文化的考核
3.員工流水編號制度
4.近期新開店的股份分配
5.下月前程無憂的招聘
6.工程部的人員配備問題

客服部

1.改為監察部，即日下店，監察各店客情回訪相關問題
2.暴露分店問題
——成都一店無熱水近1周
——外地店是否能有店內物品的採購權

Lawrence

1.財務明細統計表
2.髮源地12周年慶晚會心得分享——努力工作=個人成功
3.獎品作假現象決不允許再出現
4.和魯豔霞之後接觸所有供應商，洽談確定明年的計畫和合同
5.預關店要實行招標制

執行長發言

1.成都一店無熱水問題事態很嚴重，應作為緊急專案處理，即日內就應該解決
2.分店工資不能拖
3.店長、經理手冊抓緊製作
4.股卡計畫於12月份完成測試
5.再次強調，開店要嚴格把關，錢到位才能開，並附上培訓課程

計畫，且全程要督導陪同

6.開店之前就要定好頭3個月的業績目標

7.目標業績總部和分店的資料要求一致，且不能臨時更改

8.美容部拓新客結束後要做業績總結

9.教育部老師下店要按照教育部的教材統一授課，且要將教材交予周義文查閱

10.教育部辦公室嘈雜聲要嚴格控制

11.收銀員早晚班交接手續（手冊）

12.分店顧客檔案若再遺失，責任歸店長

13.總部供電問題要解決

14.人才儲備要提前安排

15.總部教室的衛生狀況又出現嚴重問題

16.前臺接待和防損員的工服

17.明年「椰島杯」的時間要趕緊確定

18.年度檢討的時間&明年的計畫手冊

董事長發言

1.緊盯預虧損店

2.部長、總經理每周一12：00之前將工作日誌交予執行長

3.企業家協會活動晚會的造型贊助——以後此類活動會逐漸增多，來訪接待工作和辦公室環境要嚴格執行，做到最好

4.培訓人員住宿費用太大

5.辦公室奢侈風要堅決杜絕

6.預關店方案

7.收銀員、督導的招聘和晉升——為才重用

8.企業簡介和歌曲要迅速製作

9.帶領時尚風

11月24日

和財務、人事部談話——處長、督導、經理、客服經理的薪資機制

1.底薪和提成的確定

2.罰款歸入管理處

3.處長的獎罰要嚴格執行，目標任務每月都要提前訂好

虧損店要訂罰金——對店長以虧損金額的一定比例，暫定1%，例如該店本月虧損1萬，店長罰款100元，作為罰款金額

年終獎和開年利相關發放問題的討論

和周義文、人事部、劉咏輝、黃芳的談話

1.（客服）經理的招聘要通過人事部統一進行，並按照既定課程進行統一培訓，合格後方可上崗

2.黃芳、周義文、人事部及Lawrence等人共同討論課程安排，並迅速執行

Lawrence主持討論會：如何提高總部對外地店的支持？

1.工資待遇：從11月開始，全國的督導經理等工資標準統一

2.教育培訓：商業課程由教育部老師出差授課，基礎課程由總部發函通知外地店相關員工回漢上課

3.總部後勤：對外地處長（店長）進行周邊/後勤相關事件的處理方式，對解決問題過程中產生的必要費用做相關報銷

4.物流運輸：當地取貨產生的車費；與配送公司及外地店長進一步協商

5.店面維修：從根本（裝修）著手，並定期檢修，且在大型設備採購時要協商好後期維護事宜

6.新店拓展：劉咏輝已全力協助

7.人員管理：任何相關人員的問題應通過人事部進行調動等動作，包括店長的任命應由總部進行統一考核，合格後方可就位

8.企劃廣告：劉慶製作廣告訂制單，在新開店開業前期或各類大型活動等各種需要文宣廣告類物品時，將此表發到各店，由店內自行填報及選擇適合自己店內的物品（尺寸、數量、類別等），再回饋到企劃部，隨即製作發放

11月25～28日

清華講課

11月30日

請假

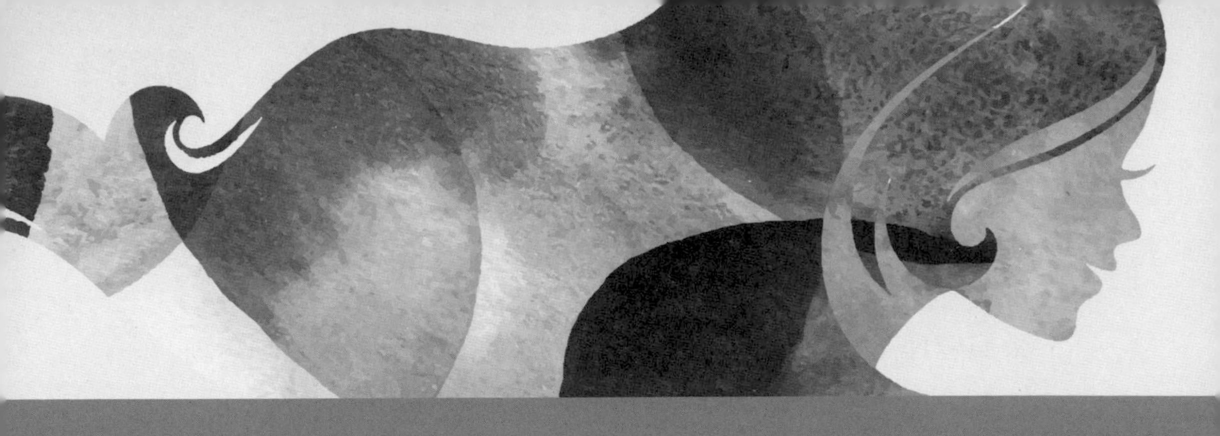

2009

12月

12月1日

請假

12月2日

給百步亭美容店講話——激勵

百步亭店由於基本都是老員工，出現了倚老賣老，懶惰成風，只想店長包辦的現象。自稱「董事長說我們是公司的財富，作為公司的財富，竟然這樣糟蹋我們」（對於做衛生之類的事情的反駁）

現狀：紀律渙散、服務意識差、產品浪費現象嚴重（5萬/月）

與財務談話

——製作關店（轉讓）財務統計表

與駿總談話

1.百步亭店的激勵/改善措施

2.南京相關事宜

與董事長談話

1.西門町合作事宜暫停

2.與各代理商、廠商敲定明年相關合約

3.明年歌薇的計畫案（150萬產品）

4.蒂凡尼學習事宜

5.下周出差行程事宜（太原、蘭州、鄭州）

6.推薦講師去華科EMBA課程

7.以後施工隊所需物料找指定廠商

8.明年組織架構的調整12月底要敲定，1月份正式布達

9.《店長手冊》/《經理手冊》正在最後磨合中

與人事部談話

1.新展店相關股份分配問題的調整和敲定

2.年度考核相關內容的制訂

3.討論店長任命/晉升考核系統

4.明年組織架構調整事宜的初步意識

12月3日

出差行程安排

日期	出發地	到達地	出發時間	到達時間	航班	備註
	武漢	太原	10：15	11：35	CZ6287	
	太原	蘭州	17：55	19：55	SC4607	
	蘭州	鄭州	12：00	13：05	SC4966	
	鄭州	漢口	14：48	18：30	D123	（建議動車組）

竹葉山店劃卡事件

1.針對「異形卡的使用」立即下發傳真

2.對相關顧客進行賠償處理

與張天賜談話

1.下周一開始去大漢口上班，從助理做起

2.嚴格按照店內規定上下班，其他時間在管理處由思思安排相關學習（填寫工作日誌）

3.2～3月內掌握電腦的基本應用並能夠獨立操作

與劉咏輝談話

1.西門町的合同盡量廢掉

2.董事長的私人股份仍然不變

3.以後西門町管理處的虧損與我方無關，店裡的按原案操作

4.「董事長美髮股份全部轉投武廣美容」提案被否決

5.西門町以後若續用我們的財務系統要付費（具體費用及支付方式待與財務協商後決定）

6.收回西門町陳敏在本公司的進出磁卡

12月4日

1.襄樊店事宜——本月分紅依舊，欠款下月支付

2.安排美容部相關人員（駿總&盛小莉）去南京參觀學習事宜

3.處理成都一店相關人員退股問題——未經同意，不可隨意退股

4.製作明年年度運作表

① 授權書&股東協議

② 組織架構的重新調整

③ 電腦軟體系統的設計

④ 公司&員工保險的辦理

⑤ 廠商年度合同的簽訂

⑥ 椰島杯

⑦ 技術（老師）培訓

⑧ 新展店選址&外地店合作方案

12月7日

入股見面會

1.檢查企業文化的背誦

2.業績情況詢問——尤為黃岡店，本月業績不達成，店長處罰要加倍，若達成就贈送小禮品（和執行長的約定）

3.針對店長，不僅要拉動業績，還要做好店面維護和員工管理，負有責任感

4.下月巡視高雄店

執行長交待事宜

1.已和董事長商討過，立即將西門町的財務系統軟體撤回

2.黃波波和胡明對於股權部門，一定要簽署確認書

3.經理課程要緊盯

4.友誼路店已經結算完成

5.關於付少文和羅杰的相關問題——必須回來辦理離職手續並交還股權證

6.分三年攤留裝修（設備等）款項事宜寫入《股東協議》和《授權書》

7.「椰島杯」的相關事宜在本周內拿出大綱，James和周義文在17日處長會議上要進行闡述說明

管理處會議暨09年年度檢討會議

美髮部

1.原58家，09年新開34家，關店4家，現共88家

2.12月10日開始進行經理考核培訓

3.分店幾乎無股東設計師相關問題（例如：永清店），導致店內

優秀設計師不斷流失，嚴重影響店內運作和業績——對此，會議決定此專案由劉咏輝負責解決

4. 在當店沒有股份，在其他店卻有股份的現象表現也比較突出（例如：咸寧店）——將他店股份退掉，入現所在店的股份
5. 企業家協會論壇——聯名卡事宜

人事部

1. 《股東協議》的最後確認
2. 總部及分店現共有4296人，分為53個職位
3. 各部門入離職概括——美髮離職率高達40%，美容離職率達13%，總部離職率達50%

拓展部

1. 股款的繳納時間總是滯後，造成房租等各項開支的損失
2. 現拓展部只1人，有時候有些力不從心

客服部

1. 美髮部或美容部若有大型活動，應提前向各部門報備，以便其他部門做好準備和相關協助工作
2. 分店反映總部罰款部門權責不清，任何部門似乎都有資格罰款——會議決定以後所有罰款歸人事部匯總

財務部

1. 1月份，美髮虧損6家，美容5家
2. 本年度工程款高達2342萬元
3. 12月20日，2010年年度預算即將完成
4. 管理處人員工資將以年終考核為基準進行相應調整，及某些總部邊緣人員（督導等）的工資發放處是否應定為總部，如若這樣，總部的工資壓力會很大

Lawrence講話

1.大圓小圓的故事——自我積累越多，未知世界就會相應縮小，所以我們要不斷自我增值，讓我們的自身世界變得越來越豐富飽滿

2.火車頭的故事——優勝劣汰，不自我要求進步，就會慢慢被周圍的事物或人所淘汰掉

3.26個英文字母的故事——態度決定一切，面對任何事情，只要持有正確的態度，就能100%達成所設定的目標

執行長發言

1.知識的積累很重要（書一輸一贏）

2.物流部貨車有需要一定要買

3.股東設計師入股問題——一定要盡可能的讓當店優秀設計師持有當店股份

4.企業家論壇之類的活動可以適當參與

5.各類會員卡的使用說明要發文

6.美髮離職率如此之高，應該做檢討

7.教育部和人事部應通力合作，以達成招才、育才、用才、留才

8.新設計師晉升培訓計劃太少，應積極加強內部晉升培訓

9.教材統一後，任何授課一定要按照既定的教材進行，上課之前要檢查教材

10.罰款部門統一歸總到人事部

11.財務相關人員一定要嚴格把控

12.開關店都要嚴格執行「造價表」

13.企劃部應更積極主動工作，為我們及時提供和更新流行資訊

14.明年開始談定統一機票購買處

15.經過一段時間的磨合，總部各部門的整合能力及工作效率都得

到了一定的提升，但為了更好的發展，則要採取創新、負責、拼搏的態度

董事長發言

1.再次強調會議時間的嚴格控制，大家的注意力不可能持續多個小時，要在有效時間內進行闡述

2.物流部要與營運部共同去和廠商談判

3.教育方向（基礎教育&素質教育）的把握

① 為什麼一直以來我們都摘不掉「洗頭很舒服，但燙染到別處去，甚至剪髮也去別處」的輿論

② 要深思如何做好明年的教育計畫

4.老員工要股份的問題

① 天上不會掉餡餅，股份要分給在一線奮鬥的員工

② 老員工的歸屬感，我們可以以其他方式來給予，例如當店股份不動之餘，另外加強保險辦理、薪資提成及減少上班時間

5.民眾意見的重要性——社會的進步、企業的發展，一定要關注身邊、尊重民意、放眼未來，切不可總是活在過去的世界裡

12月8日

1.和財務部、拓展部討論友誼路店結算的相關問題

2.與董事長談話

① 西門町事宜

② 開店選址問題

③ 明年1月1日開始，所有報銷單的簽署，主管以上的由執行長簽署，以下的由Lawrence簽署（若執行長不在，則由葉子代簽，執行長回來後需補簽）

3.與毛巾廠的談話

① 設備的選購和維護

② 每月應參與一次管理處會議

③ 與物流部商討毛巾品質和規格等相關問題

4.店內投訴

① 針對11月任務獎罰，有分店投訴有其他分店是按照下調後的業績目標進行獎罰的，而有些店則按照原定業績目標進行獎罰，很不公平

② 詢問過營運部，得知James說此事由部長決定，但部長都希望將各自部門的分店罰款減少、獎金增多，所以二部和三部都有所改動，造成其他分店很大不滿

5.黃波波和胡明的股份問題，本月回來參加處長會議時要簽署確認書

6.付少文和羅杰必須儘快回管理處辦理離職手續，並交還股權證，辦理退股手續

① 羅杰這兩天就回

② 付少文在外地，可能還需一段時間，人事部在緊跟

12月9日

給高雄店、馬場角店關店培訓講話

1.店內人員要自我分析，找出店內問題

2.不要隨意批評自己店的技術差

3.助理、設計、主管成長三部曲

4.店內各環節的銜接出現漏洞，所以才會產生問題並反映在店內業績上

5.加以勉勵

與張萬鵬談話

1.所屬分店的培訓和領導問題

2.天梨店經理樊珊晉升區域經理相關問題——任何人員的晉升一定要依據既定標準，進行相應的考核，通過後方可晉升

與財務談話

1.目前正在做今年因選址而造成的房租（押金）損失

2.已將25張會員卡送給企業家協會

與劉咏輝談西門町相關事宜

——就相關條款與陳敏進行進一步說明和談判

與人事部談話

1.處理羅杰退股的相關問題

2.三年攤提裝修（設備）款，並寫入《股東協議》和《授權書》的相關問題

12月10～13日

出差太原、鄭州、蘭州

12月11日

管理處職能大會

1.辦公室人員工作職能

2.辦公室人員行為規範

3.辦公室人員工作效率

4.辦公室人員工作狀態

5.辦公室人員考勤明細

12月14日

與周義文談話

1.教育部2010年計畫初步構架已經出爐，但各部長意見不一，都堅持自己的想法，Lawrence和James保持中立，致使具體方案受阻——周義文覺得和部長交流很困難

2.客戶經理培訓定為15～16日，經理培訓定為21～22日（課程與上課人員名單都已出爐，並已正式發函通知）

3.部長對於（客戶）經理培訓事宜不是很支持，以「年底店內要忙著做業績」為託辭，但執行長認為從長遠目標來看，一定要堅決執行

4.美髮教材最後修訂完成，只待廣告告訴校稿印刷，周義文另外找了廣告公司（因為劉慶找的廣告公司製作時間過長，且價格貴很多）

5.教材製作完成後，所有老師授課（出差授課）都必須事前通過核准，持統一教材

6.張周喜調往教育部任吹風老師的事宜

① 之前周義文和Lawrence已和張周喜就授課內容、薪資待遇等問題談定

② 周國勇覺得其技術仍有欠缺，且又是年底，希望暫時擱置

7.客服部在執行下店監察任務時執行力表現較欠缺，今後還是以辦公室工作為主

8.大漢口希望選出後備店長（小妹和妮可都有可能，但周義文認為曹總肯定覺得女店長不能勝任）

9.準備召開大漢口股東會議，將店內助理分配給各股東，以達到用股東來穩定員工的作用

與人事部談話

1.《股東協議》中關於退股條例的再次修訂
2.《客戶經理培訓》的課程安排
3.就「45%股份如何更好的分到分店」做相關討論
4.毛巾廠相關員工申請50元工齡工資
5.阮緒勇申請用車補貼——人事部和Lawrence審批簽字後，執行長再核准
6.年度考核的制訂正在進行中

與魏玉剛談話（個人申請）

原由：原繳納一定款項作為江漢二店的入股金，大約等值於8%，但之後得知人事部一直將自己的股份定為10%，以此計算本人就還欠入股金1萬餘元，並在本月分紅中直接將部分分紅抵扣了此筆欠款，但本人事前不知還有此筆欠款

與周國勇談話

申請內容：以原繳納金額作為入股金，大約8%

1.店長、經理培訓問題
2.外地拓展

管理處會議

美髮部

1.分店人員定編問題——店內設計師嚴重不足，流失率較高
2.顧客滿意度調查要嚴格執行，若有收銀員幫忙作假，會對收銀員進行罰款

美容部

1.向高端品牌學習：先推項目→銷卡→辦卡

工程部

1.現在即將裝修完畢的店（東一時區店、鋼都店、大千店），風格有所轉變，貼近臺灣模式

2.青山青楊十街店的入口樓梯裝修問題（隔壁服裝店的阻礙）

3.出差報告

美髮教育部

1.經理培訓課程報告

2.經理工資體系已基本出爐，和人事部加以磨合後即可完成

3.2010年美髮教育部初步計畫已出，教育體系大致分技術人員、行政人員和老師

財務部

1.《管理處贈卡檔案》的建立和運用

2.各部門2010年年度預算已基本完成

物流部

1.16日下午，與施華蔻的相關人員見面洽談

2.17日下午，與歐萊雅的相關人員見面洽談

3.總部人員購買領取相關產品的規定

① 產品撕去外包裝

② 次數限制，特殊情況必須有上級批准

Lawrence發言：如何向下經營人心

1.瞭解下屬的痛處

2.幫助其解決問題

3.發展員工，給其足夠的空間，取長補短

執行長發言

1.看了很多市場，覺得都還不錯，之後會開會總結，最後定位
2.對於外地市場的開拓，更重要的問題在於我們自身準備好沒有？
3.明年的業績目標計畫，僅僅只有總業績額是不夠的，必要包括總業績、總客數、客單價、人員配備定編及詳細的活動方案
4.分店分幾年攤提裝修（設備）款事宜會在本月17日處長會議上做相關說明
5.西門町與我方正式達成合作關係，希望各部門以後多多協助西門町，西門町也應積極參與我們的各項會議、活動等
6.工程部應針對裝修風格製作PPT，以便向我們展示
7.本月處長會議請後備處長、部長都能參與
8.技術差的店應多加關心，如何扭轉虧損局面？如吳家山店、高雄店，每次會議都可以看到這兩家店處於業績落後，應思考該如何培訓，若培訓後還是不行，是否考慮關店？
9.教育部老師明年如何進行培訓？
10.客服部的相關資料可以說是虛的，應計算相關百分比
11.管理處相關贈卡應分等級發文通知分店，以免有不必要的誤會
12.再次強調，不得在工作時間上網「種菜」
13.物流部貨車何時買？
14.希望各部門，尤其是經營部，要多多支援工程部

董事長發言

1.西門町與我方正式達成合作關係，與我們是息息相關的
2.外地拓展的人才儲備問題
3.店長、經理等各級人員培訓要加緊進行

4.請重視處長會議，每月必須召開一次，不存在「無事可說」的說法

5.大漢口是否需要轉型？——走量or品質

6.總經理和部長的工作日誌必須要交

7.美容部存在嚴重的政治問題，希望她們走出政治漩渦，以得到更好的發展

12月15日

早上

1.旁聽《經理培訓課程》

2.旁聽陳華軍老師的《沙宣剪髮課程》

中午

1.和James一起午餐，討論美髮營運部、美髮教育部和教育部老師的相關問題

和人事部談話

1.李升海的股份再分配

2.新店股份的最終確定

3.明年開展店長課程（大約1～2次/年），處長學習課程仍以處長會議的模式進行

和財務部談話

1.西門町武廣美容店的相關費用以我們的方式操作

2.西門町的法人變更加緊辦理

3.西門町的商標註冊問題要儘快解決

巡店：高雄店、香港路店、西門町七分店

1.環境衛生

2.業績進展

3.員工形象

4.店務管理

與小白、張薇談話

1.辦公室工作人員行為規範

2.考勤制度

12月16日

1.安排南京王春美容院之行：26～28日

2.竹葉山店

① 秋霞詢問：顧客在其他分店劃竹葉山店卡所產生的異店劃卡卡金，在每月結算時是否可以打折？

② 執行長否決了，並會親自和秋霞聯絡

3.物流部倉庫空間仍然不夠

4.和Lawrence協商後，張周喜正式任職於美髮教育部

與人事部談話

1.新進的幾位客戶經理經過昨天一天培訓課程後，今天都沒來

2.針對明年的拓展計畫，一定要做好人才的招聘/儲備

3.總部人員的工作效率

4.關於制訂明年《年度考核制度》的商討

與拓展部談話

1.處長會議時，劉咏輝要去諮詢各位部長和處長明年是否有拓展計畫？計畫如何？

2.45%分店股份的問題不用刻意強調，讓其自行分配，且要控制分配時間，以免拖延交租、工程等時間

3.堅持擴大當店股東設計師占股名額（>4人）

4.原準備開店門面（洪山電影院），現決定放棄，但之前交給對方的10萬元相關費用能否退還？能退多少？

與財務部談話

1.西門町法人變更、商標註冊的事宜緊盯

2.財務開/關帳相關事宜

3.航側美容店相關證件的辦理——又無故花費1千多元，還未辦好

4.和電腦部共同探討「股卡」系統的製作

與後勤部談話

1.防損部員工工作效率（寫詳細工作日誌）

2.執行長希望馮慧能夠讓自身能力（辦理周邊事宜）得到有效發揮

3.接手航側美容店辦證事宜

12月17日

處長會議09：30～13：30

12月18～19日

清華講課

12月21～22日

請假

12月23日

與陳華軍老師談話

1.明年培訓計畫
2.設計師的培訓制度
3.準師（內部提升）的力度
4.人才的引進

與駿總談話

1.宿舍管理：嚴格控制宿舍之間串門
2.南京行的安排

與周義文談話

1.美髮教材的敲定和印刷問題
2.經理培訓的問題，初步定為1月4～5日
3.《店長手冊》要加緊製作

與人事部談話

1.保安主任的任命和保安系統的建立計畫（周工）
2.關於《節日問候和年前店內安全運營通知》的公文整理
3.與財務一起制定年夜飯的訂制規格

與董事長談話

1.北京講課概況

2.美髮教材報告

3.明年年度手冊的初步洽談

4.美容部反映的宿舍管理問題

5.西門町商標註冊問題

與財務談話

1.西門町的相關問題

① 運作及其相關款項等問題

② 商標註冊

③ 年夜飯的制訂

2.店內防盜，財產維護的相關公文草擬

12月24日

1.昨晚與周國勇、張萬鵬取得聯繫

2.年前問候和店內安全營運公文的布達

3.財務需加緊年夜飯相關公文的草擬（按每人60元的標準訂餐，且人數以12月份的工資發放名單為準），以及馮慧關於年夜飯時間的安排

4.客服部現由丁玲代理管理監察職能，由於分為客服和監察兩大職能，建議增派一名專職監察人員

5.陳華軍老師的股份問題

與駿總談話

1.香港路店發現低折扣替代品，影響惡劣，隨即發文通報批評並作出相應處罰

2.美容部股份分配問題

3.南京行增派同行人員相關事宜

與馮慧談話

1.年夜飯的時間安排問題

2.關於年夜飯的相關安排和要求的公文草擬

12月25日

1.何德軍要求增加貴陽八店1%股份，被執行長否決

2.青楊十街店員工踢壞宿舍防盜門，管理處先墊支600元用於賠償，之後在該名員工的工資內扣除1000元

3.客服部增派監察人員的申請被否決

4.與電腦部探討今後物流系統關於庫存&進出貨的相關問題

美容區域經理會議

1.明年辦卡/銷卡/各類銷售提成的新方案（先在部分分店試行）

2.明年起，美容師實行定編（以每個床位配備一名美容師為準）

3.新顧問專業知識較差

4.2010年課程計畫：常規課、深造/提升課、廠商培訓課、店長班、成長店培訓課

5.會員消費積分兌禮品制度

6.店內熱水供應問題

7.葛樂波眼部專案推廣——菲律賓之旅 1月11日

8.元月5～8日培訓專場

9.替代品現象嚴重

執行長總結

1.替代品現象影響很嚴重，是欺騙顧客的行為，任何人都應對自己犯的錯負責任，並強調之後要加強企業文化的教育

2.業績報告要詳細，不僅資料要確切，還要針對業績進度進行詳細的說明，不能以「基本沒問題」等含糊之詞作報告
3.業績報表增加「產品進貨量」一項，可以儘早察覺店內使用替代品等不良現象
4.提成改革之類的新政策在部分店試行是非常正確的
5.財務應參與美容會議，針對虧損資料做說明
6.業績報表裡顯示出一個現象：訂的目標客數和實際完成的相差甚遠，要檢討目標制定是否合理
7.店長的EQ很重要，情緒化很嚴重的人不適合做店長（針對反映理工大店店長情緒經常180度大轉變）
8.明年計畫每家店增長3萬的業績，針對此目標，應提前做好詳細計畫——如何提高此比例業績
9.明年應該以學習為主，而不是旅遊
10.成長店的培訓計畫也要放在教育部培訓計畫裡
11.消費存積分送禮品可以製作成網頁，增加和顧客的互動，並提高其消費欲望
12.店內熱水和泡澡桶不夠的情況要和工程部協商，作出解決方案
13.店長培訓應按時數計算
14.明年中層幹部的儲備名單要及時提出
15.做好（準）店長班培訓

12月28日

張萬鵬上海之行

1.對方的接待流程很棒
2.染髮技術強，且推廣很得力
3.顧客進店做燙染完全是出於品牌魅力，自動進去做的，而不是靠設計師強行推銷
4.對流行趨勢的把握比較趨前和準確

巡店記錄

航側店美容

1.公文聲稱未收到（經核實前臺確實發送到該店）
2.在對面美髮店沒有顯眼的宣傳品——製作易拉寶，且派美容師在美髮那邊服務顧客
3.熱水供應嚴重不足

航側店美髮

1.公文收到卻未宣達
2.客服經理和收銀員對店內業績和目標全然不知
3.店內髮型設計滯後

千禧園店

1.店內髮型設計嚴重滯後，全是「婆婆頭」

管理處會議：行動計畫

1.今後遇有新店開張，要對所有分店發送恭賀新店開張的公文
2.美容部出具各分店熱水和泡澡桶的配置明細和需要添加的明細清單，用於和工程部協商此問題解決方案

3.美髮分店洗髮水品質調查——客服部
4.部門進行交叉會議
① 物流部、拓展部、工程部和營運部
② 人事部、教育部和營運部
5.西門町在今後的會議中，除了報告業績，還要進行優秀管理經驗的分享
6.如何提高辦公室網速？
7.鐘家村店增容問題如何解決？
8.學員培訓是否應該收費？如何收取？
9.新店熱水供應不足問題如何解決？
10.如何使分店大力推廣新潮流髮型？

12月29～30日

出差南京

12月31日

與周義文談話

1.《店長手冊》的緊盯
2.關心大漢口業績
3.客服部的近況
4.美髮教材的緊盯

與周工談話

1.系統軟體的進展

與財務的談話

1.西門町法人已變更為曹騁

與劉咏輝談話

1.關店情況下的卡金支付原則

與物流部談話

1.產品進出貨的問題（歐萊雅）

2.是否和歐萊雅共同開展潮流髮型研發計畫？——被執行長否決（不要去給歐萊雅當陪襯）

3.任何廠商，最好的返利就是現金和學習，其他的都沒多大作用

4.大膽引進卡詩（不嘗試永遠都不知道會不會成功）

5.明年三八節的活動方案要提前敲定

與董事長談話

法國行初步定於2010年3月4日

2010

1月

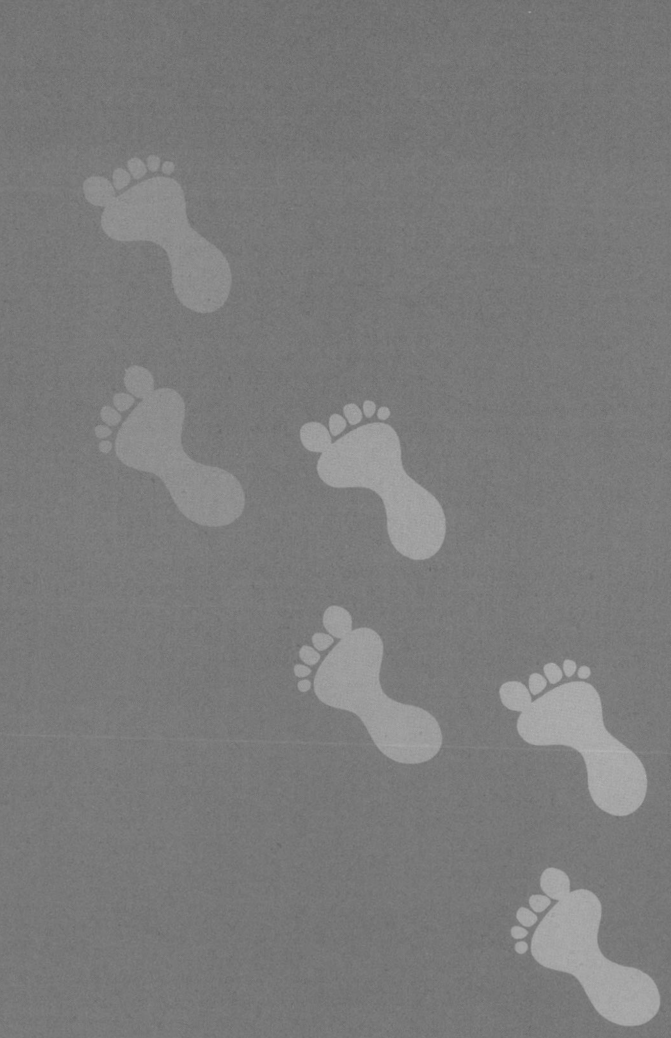

1月1日

1.與人事部：《授權書》的相關討論
2.物流配送問題的相關討論
3.瞭解財務支出的相關問題
4.與馮慧再次確認年夜飯安排問題
5.參加美容會議

1月4日

管理處例會

執行長發言

1.美髮的報表要配上客單價和人力配置
2.價格的區分和提升在於技術，而非產品；由技術衍生出的品牌才是價格的保障
3.卡銷的任務目標要確定
4.股卡2周內會基本完成
5.如大漢口類的單店要爭取今年突破100萬/月
6.再次強調，注意防火、防盜、防搶、防騙問題
7.外地租約合同要再次清查，以備今年的簽署事宜
8.燙染師的工資水準過低，要在這方面做改革，可有效提高燙染方面的弱勢局面
9.管理處走廊間學習園地上的資料大家都要去看，可甄選閱讀心得放入《椰島風》

董事長發言

1.各店門口紅布標立刻拿掉

2.管理處衛生情況又開始很糟了

3.分店外出採購問題

4.店內「老人頭」現象如何解決

5.A類店客單價過低，可啟動槓桿原理適當提升客單價

6.反腐倡廉

1月4日下午會後～1月5日

南昌出差

1月6～16日

請假

1月18日

拓展部

1.瞭解拓展動向

人事部

1.黃芳去東莞，處理羅杰與鄭長文的事情

2.付少文的離職手續要儘快辦理

3.西大街店、東一時區店的股份分配問題

企劃部

1.美髮教材小冊製作完成

督導會議：針對滿意度調查對分店有何作用展開討論

1.增加顧客回頭率

2.提升客單價

3.增加收入

1月19日

與美髮部李菲談話：關於製作年夜飯流程

1.2小時內結束

2.優秀員工和被抽獲獎者的禮品應前重後輕

3.總部人員只需介紹即可，不用太多發言

4.節目數量控制在3～4個即可，時間為幾分鐘都要控制好

5.最後結束之前，處長和店長要上臺對全體員工表示一年工作的感謝

6.與會場工作人員接洽好，結束前不要收掉酒杯

執行長指示

1.以後主管級員工家中有何事故，必須馬上報知各位主管

和劉慶談話

1.要主動聯繫處長，說明其組織年夜飯事宜，並寫入《椰島風》

2.製作完成帶有公司logo的成品，可作為在年夜飯時發給員工的禮品

3.要主動工作，不要被動等工作，要學會主動為分店服務

和葉子的談話：成都五店業績堪憂

1.無正規樓梯，後樓梯惡臭，燙染技術很弱，返工率高達70%，客量不斷減少

2.財務報表每月要及時上報，並做相關記錄

3.股卡的相關問題

4.西門町注冊商標的問題

5.分店年前關帳事宜

與鄭長文通電話

——東坑店相關事宜

與劉咏輝談話

——助理每天的工作內容和行程要嚴格安排，不要隨意跟隨劉外出，應做好後勤工作

關於自行處分簽呈的擬定

——處長工資決定造成管理處財務損失

與張天賜談話

——做事要有頭有尾，誠實、敬業、負責任

1月20日

與張婷談話

1.羅杰的相關問題

2.出勤狀況每周報告一次

與葉子談話

1.分店過年紅包的發放

2.找陳輝共同討論財務方面的各項問題

與劉咏輝談話

1.西大街店的股份問題（羅明君的股份問題）

2.以後選址要更加嚴格，且與當地合作夥伴直接的合同等相關問題要諮詢律師

西安九店

公司委託張軍辦理（對方合作者只願與張軍簽約）

與魯豔霞談話

與產品商的合作原則——所有返利儘量都要現金，再用這筆錢去做教育訓練

1月21日

10：00～11：00 財務會議（周俊、羅敏、葉子、執行長）

1.去年全年損益分析

2.去年全年資產負債分析

3.今年各部門預算收入的初步計算

4.西門町財務將會合併進來，要建立獨立的損益表

5.目前公司可周轉資金與帳面結餘款項不符，很多應收款等專案資金還未收回

6.現有部分科目的做帳不應歸於物流部，應該歸財務核算

18：30～19：30 財務會議

1.財務報表的科目調整規範化——28日之前完成

2.各項費用最終由財務來填報、審核及歸總

3.從現在起，欠款每月要求清理一次

1月22日

與人事部談話

1.下店事宜的安排

2.外地員工年後回程車票的訂購

與財務部談話

1.今年各項財務分析的初步溝通

2.今年開店資金運轉方式的初步溝通

3.去年全年產生的呆帳統計

執行長指示

1.要求美髮部、美容部、西門町部上交去年全年的業績報表（格式儘量統一）

2.今後各部門需上交的各類報表的規範化整理

3.劉咏輝在外拓展工作中產生的相關招待費的報銷申請——可以實報，但要儘量節省，且報銷時一定要有發票

1月25日

人事部

1.深圳三店的股份問題

2.羅杰的相關問題

督導會議：巡店報告

1.分店異動狀況

2.分店技術狀況

3.分店客情狀況

4.經理工作輔導
5.客裝銷售情況

工作交流

下次會議時間確定：2月8日9：30

1月26日

收銀員年度表彰大會

10：00～11：30

1.各級領導及主管發言
2.優秀收銀員和區域主管頒獎儀式
3.董事長、執行長總結發言

11：30～12：30

接待外地（浙江學生）來賓，介紹椰島體系及文化

16：00

去咸寧吃年飯

和黃芳談話

1.羅杰的相關問題
2.東坑店的相關問題

和駿總談話

1.近期業績相關問題
2.美容產品問題

1月27日

1.與財務向董事長作09年財務結算報告

2.參加店長/經理會議——成功者的七個習慣

3.與馮慧討論分店賀卡的寄送事宜

4.鄭長文來電：

① 東坑店股份問題

② 長安店關於羅杰的相關問題

5.姑嫂樹店店長王林的股份問題

6.與電腦部討論股東劃卡&報表系統的相關問題

7.與駿總探討部門運作狀況

8.與James、周國勇、周義文探討近期工作問題

9.與財務、美髮部探討處長工資方案

10.與人事、財務商討1月份工資的發放方式等相關問題

1月28日

與人事部、美髮部、美容部、財務部共同探討相關問題

1.處長/區域經理工資

2.1月份工資發放的相關問題

3.出差費用的申請&核算問題

10：00～11：00 元月份工資發放討論會議

1.元月份考勤、獎罰、學習金等全部歸到2月份工資核算，1月份全額發放底薪&提成

2.發函對上述問題詳細說明

3.店長統一發200元紅包，且不能在店裡再領取紅包

和James談話

——周輝處開店人員調配的問題

和黃芳、人事部談話

1.羅杰的問題

2.以後所有第一次入股人員要舉行見面會

和劉咏輝談話

——和周國勇、James要協商好，以後開店選址一定要慎重，且嚴格按照開店流程操作（選址一定要報告到執行長）

和駿總談話

——之前拓客行動產生的6000元費用的相關問題

1月29日

流行線的相關討論

1.執照

2.房屋合同

3.退股的相關問題

4.事後培訓問題

和陳敏談話

1.James協助事宜

2.陳敏帶有抗拒情緒

3.若不同意，請陳敏儘快拿出本年度可提升業績的詳細方案

2010

2月

2月1日

1.美容會議——顧問晉升儀式

2.財務部：公司在大洋店之後的分店投資報表

3.長安店股份分配問題&羅杰的相關事宜

4.與流行線相關人士初次見面（劉咏輝、Lawrence同行）

2月2日

巡店報告

序號	分店	上月業績/元	環境衛生	裝修/工程狀況	員工形象	春節信息	客情回訪
37	利濟路店	150958.3	二樓不達標	牆紙脫落嚴重	基本無造型，包括店長、經理、收銀員	休息，無人留守，檔案打包	V
43	爵士店	135126.2	V	V	一般	休息，無人留守，檔案打包	V
56	西門町航空路店	176625.6	不達標	裝修不易維護衛生，且一樓水池給顧客造成安全隱患	基本無造型		
67	西門町同濟店	122419.6	嚴重不達標，很髒亂，1樓猶如廢棄場所，且無人站門，轉燈已壞很久；2樓也毫無衛生可言	無裝修可言	無造型		
14	寶豐路店	332612.1	V	廁所外面盆處很髒，有損壞	還可以	休息，無人留守，檔案打包	V

序號	分店	上月業績/元	環境衛生	裝修/工程狀況	員工形象	春節信息	客情回訪
62	水廠店	190601.7	很好	V	V	輪休	兩天未做回訪
16	西門町航空路店	305953	V	V	V	休息，無人留守，檔案打包	V
29	古田店	220463.6	還可以	一般	一般	休息，無人留守，檔案打包	V
77	吳家山店	188418.7	V	V	一般	休息，無人留守，檔案打包	V
18	沌口店	210445.3	除休息區很亂，其他很好，門口招聘海報是小店的作風，要求統一	V	V	休息，無人留守，檔案打包	V
96	龍陽店	257635.3	V	因商場問題，上月停電停水達四次，正在交涉中	V	輪休	兩天未做回訪
106	西大街店	240028.9	V	鏡台前不適宜有台階，顧客經常當踏腳處	V	休息，無人留守，檔案打包	V
22	新世界店	228507.4	V（設計師客單本不統一，年後統一）	V	V	幾人留守	V
82	湖美店 10：30～11：00	151782.6	V	V	一般		V
10	南湖一店 11：10～11：30	252003.5	V	計畫四月份裝修，尤其是美容，配置簡陋，裝修陳舊，顧客很多去南湖二店了	不好，店長都沒做造型	休息	小頭回訪不合格

序號	分店	上月業績/元	環境衛生	裝修/工程狀況	員工形象	春節信息	客情回訪
73	南湖二店 11：40～12：00	158613.3	V	V	一般	休息	V
11	梅苑店 12：10～12：30	247528.6	V	美容部的泡澡設施不夠，且現有泡澡間不能黏貼牆紙，易損	一般	休息	V
50	廣埠屯店 14：00～14：20	145386.1	不達標，完全無人管理	洗手間外面盆處水龍頭、櫃子、燈都已壞很久，卻無人報修	不合格	放假	V
92	華師店 14：40～14：50	138100.8	V	1樓美容房內漏水，造成投訴，工程部已知，會解決	V	放假	V
12	武大店 15：20～15：30	302574.5	V	美容部產品無處堆放，都快堆到店門口了	一般	放假	V
24	魯巷店 15：45～16：10	311848.4	不達標	中廳的吊燈、廁所及衣櫃的門都壞了，工程部已知	不合格	放假	不合格（武昌區最差的）

16：30～17：10 管理處

2月3日

1.羅杰的問題已全部解決

2.鄭長文的股份問題——人事部正在解決中

3.客服部張薇不服從上級安排的下店工作——被扣罰100元

2月4日

1.辦公室停電（非正常跳閘）

巡店報告

時間	序號	分店	上月業績/元	環境衛生	裝修/工程狀況	員工形象	春節信息	客情回訪
10：30～11：10	28	群光店	130487.4	玻璃和地面不達標	一般	一般	休息	還可以
11：25～11：30	25	理工大店	172831.9	很糟糕，完全無人管理，對於要求拉下紅布條，經理還很不屑	明年會裝修	店內很忙的時候，收銀員一個在吹頭髮、一個在化妝，竟無人在收銀台	休息	還可以
13：30～14：00	55	虎泉店	127852.7	二樓基本很少有顧客，只維持基本打掃	鏡台太高，根本無法擦拭	一般	休息	還可以
14：20～14：30	78	群光店	130487.4	V	V	V		V
14：50～16：00	88	理工大店	172831.9	二樓不達標	V	一般	休息	不達標
15：15～16：20	103	鋼花店	250074.7	V	V	V	休息	V
16：15～16：20	100	鋼都店	130590	V	V	V	休息	V

2月5日

與陳華軍老師談話

1.教育部老師工作態度不積極，效率不高
2.究其原因，是因為工資相對偏低
3.希望在薪資方面做調整，以提升其工作積極性

關心業績

1.新開的成都五店業績已滑為最後一名，狀況堪憂，已聯絡張軍，請其擬出解決方案並盡可能前去協助
2.高雄店長期墊底，要求處長、部長究其原因，擬出方案

巡店報告

時間	分店	上月業績/元	環境衛生	裝修/工程狀況	員工形象	春節信息	客情回訪
11：00～11：30	青陽十街店	180579.2	一般，但垃圾桶不合格（明天就去買）	休息區有待改善	還可以	休息	V
11：50～11：55	大千世界店	202286.9	基本達標，除洗髮區的邊櫃衛生很差	風格轉變還不錯	還可以	休息	V
14：10～14：30	百步亭店	257178.7	人滿為患時，衛生環境還算可以	V	還可以	休息	
14：40～14：55	西門町統建店	111640.3	一般，亮度不夠，感覺很雜亂		不合格		
15：00～15：20	統建店/美容	104503.7	V	V	V	休息	

2月8日

11：30～13：00 店/處長會議

1.再次說明分店股份分配比例（45：55）

2.再次強調從96店龍陽店之後，分店預留工程款問題（若之前的店重新裝修，裝修後依照96店操作）

3.處長工資調整方案：1500+3500+6：4

14：00～17：00 管理處例會

駿總

1.物流庫存問題——防止詐騙行為

2.美容部細節&服務流程——拉開與顧客的距離

3.床單&被套清洗問題

財務部

1.年飯超額支出問題的提出

執行長發言

1.巡店報告：

① 環境和技術都有進步

② 工程方面也有很大進步，但不可操之過急，需循序漸進，杜絕「豆腐渣工程」

2.再次強調股份分配&預留工程款問題

3.相關擔保&保密協定的簽署

4.各級人員的出勤管理要嚴格執行，每月將統計表張貼於白板處，並簽字確認

5.西門町的管理問題/報表修改/陳總必須參加例會

6.除了董事長、總經理和美髮部人員，其他部門不可擅自下店，

以免帶回不實資訊，給分店及總部造成不必要的困擾

7.年夜飯的安排有待改善，尤其是到了年底，針對優秀員工應給予著重渲染，並刊登於《椰島風》

8.最後衷心感謝周工以及電腦部相關同仁對椰島的貢獻

董事長發言

1.大力推廣「梨花頭」，嚴厲禁止煙花燙、錫紙燙等燙髮方式

2.美容部應對員工加強教育，讓其經歷多重磨練，鍛煉其能力

3.外地員工年後回外地之前，請其順便回漢配合管理處各項相關工作

4.聲討工作效率低/兩面派/能力低的人

17：00～18：00督導會議

1.各督導做工作報告

2.相互交流工作經驗和管理心得

3.年前注意事項的布達

執行長發言

1.各位督導相對以前有很大進步，功能性開始體現出來，今後要更加積極配合處長的工作，尤其在巡店方面

2.工作報告的格式要嚴格統一

3.建議督導還是要在大漢口輪值

與常明紅、李珊霖談話——針對考勤作風問題

1.須嚴格要求自己，作為主管，更加要以身作則

2.不進則退，要站在更高層次和角度來面對現在的工作和生活，才能不斷提升

3.外面世界很大，自身是很渺小的，成績相比而言並非很好，所以要積極工作，不可自視過高，掉以輕心

2月9日

9：00～10：00 美容會議

執行長發言

1.美容部的各位同仁都還很年輕，這麼年輕就擁有自己的一片天，某些時候難免會有些自我膨脹

2.要勇於接受挑戰

3.隨著椰島的快速發展，各級人員的晉升速度也是很快的；不進則退，若不積極對待工作，遲早會被淘汰

4.反求諸己，做任何事情之前首先要做好自己

5.是企業造就了現在的我們，我們是在為自己打拼、奮鬥

6.現在的成績是自然成長的，並非都是努力得來的，所以必須更積極的面對工作，去和外面的市場競爭

7.驕兵必敗

8.身為主管及領導，本應被監督、被要求，很多時候雖然身不由己，但一定要恪盡職守，以身作則

11：00～11：30 入股見面

12：30～13：00 與周國勇談話

13：00～13：30 與常明紅談話

14：00～17：00 準師班畢業典禮

2月10日

10：00～16：30 出差鄂州、黃岡（年前例行巡查）

1.黃岡店客量日均200多人，鄂州店客量日均310人，大頭所占比例20%

2.黃岡店毛巾周轉很成問題，都是自洗自曬，遇到下雨天氣就完全周轉不過來

3.鄂州店美容熱水供應不足，造成顧客投訴

16：30～17：00 與周工討論股東劃卡相關問題

17：00～18：00 與陳敏談話

2月11日

1.聯繫外地各區域處長，給其拜年，詢問天氣狀況？放假安排是否做好？天氣因素是否會影響員工回鄉行程？

2.要求馮慧年前做好辦公室衛生和安全工作

與James討論

——往後年前分店應採取預約制，服務好老顧客，好處：

1.做好老顧客，開年可以帶回更多顧客

2.使年前的店內運作穩步進行，不至於打亂仗

與周國勇、李菲、趙琨談話

1.李菲與趙琨要儘量協助副總做好行政工作

2.為副總做好相關工作安排

3.協助副總學習電腦

與周國勇談話

1.分店工程問題——造價與品質

2.如何著手副總的工作

3.抓好三位部長的工作

巡店報告

時間	序號	分店名稱	衛生環境	裝修／工程狀況	員工形象	春節信息	客情回訪
14：00～14：30	13	香江店	V	V	V	放假	V
14：50～15：20	9	馬場角店	不合格	美容部開年準備裝修，美髮沖頭床踏腳要換，櫃子全是壞的（剛修好的）；整體燈光很昏暗	不合格	放假	一般

16：30～17：10管理處

2月21～26日

請假（辦歐洲簽證）

2月27日

與周義文談話

1.經理、店長手冊的製作進度——經理的已經完成，店長的草稿已出

2.教材發放到各店是否需要收費

3.大漢口人員的輪調事宜——一個人不可在同一崗位長期任職

4.店長課的相關事宜——要有椰島的風格，且以培養人才為初衷

與劉咏輝談話

1.門面的選擇一定要慎重，不能為了開店而開店

2.開店相關事宜的強調

與張婷談話

1.授權書、管理顧問協議等相關檔的再次確認

2.人事部出差簽訂各類協定，並檢查各店勞動合同、健康證等（西安、貴陽、東莞、深圳、重慶、成都）

與周輝談話

1.蘭州行相關事宜

2.新展店的店內股份是否可以適當放寬——執行者給予否定（這是公司規定，不能變）

2010

3 月

3月1日

與物流部談話

——樓下倉庫的租賃事宜

與周國勇、張萬鵬談話

——爵士店的相關事宜

與冷軍談話

1.光谷二樓的門面有待考慮，開店不要操之過急，要穩紮穩打，不要被現在的成功迷惑

2.太原拓展的事情再行商議

與黃芳談話

1.胡玉泉的相關問題

2.鄭長文的近況

3.冷軍方面一定要穩步發展，切不可操之過急

與小郭談話

1.店內採購問題

① 將舊店裝修時所拆除的相關可用物品或材料集中起來建立小倉庫，以備以低價賣給所需店

② 之後擬出詳細報告

2.執行長計畫三年內成立研發設計單位，但目前希望工程部就現有人員全力以赴

3.一定要突破水電方面的技術性瓶頸

4.店內與工程隊之間的溝通問題，工程部要儘量去協調，多多參與店長會議

14：00～17：30 管理處例會

駿總心得分享

1.「成本殺手」：低成本造成了豐田今天的失敗

2.老豐田「燈繩文化」悄然消失

3.不可盲目追求規模的快速擴大

毛巾廠

1.毛巾廠擴建問題（東西湖區）

2.貨車和司機的配備

3.外地店毛巾的洗滌問題

執行長總結發言

1.臺灣經濟已經開始復甦，美容美髮業開始恢復繁榮，現階段更加注重服務、技術與客裝的多重結合

2.國內目前缺工現象極為嚴重，下半年可能就會體現在我們行業，因此一定要全員招工，並且要知人善用，不可隨意裁減員工

3.員工的職業發展生涯要規劃，儘量縮短每個階段的時限

4.今年已經攤提了折舊費，卡金明年再分，否則影響太大

5.我們一定要吸取「豐田」的教訓，不可盲目擴張，實行穩步發展才是長遠之計

6.「亮起來」工程值得肯定

7.再次強調各職位需要輪調

8.各部門應按照年度計畫執行工作

9.拓展部要針對新展店做報告

10.毛巾廠每月參與一次會議

11.多多關心西門町，使其可以很好的融入我們

董事長總結發言

1.目前開店如此迅速，財務方面一定要把控嚴格

2.用工荒已經是全國突顯問題，所以店主管一定要從各方面關心員工

3.教育部培訓制度已開始改善，一定要做到嚴格把控，有些培訓必須要求回管理處學習

4.與方丈共餐所悟心得：

長待一地——

① 會趨於安逸享樂

② 腐敗

③ 能力下降

——所以要做輪調

5.各部門要各司其職

6.行政部針對購房、購車要快速搜集資訊

7.以後我們要看服務業績

8.我們如何能夠穩步長遠的發展？

3月2日

與人事部、電腦部討論股東系統的相關問題

與董事長、會計師洽談

與駿總、張杏紅討論相關問題——美容部遊輪之旅決定取消

與梅金波談話

關於馬場角店

1.何德軍想出去開店——給予否定

2.任丹帶店不注重方法，致使其很累

關於爵士店

1.王佳確實身體不好

2.管理層的變動影響到員工情緒——與員工溝通，基本已解決

3.針對不同級別的員工給予底薪的保障，使其情緒平復

17：30～18：30 店長（經理）會議

執行長發言

1.銷售的目標是業績提升、擴大市場佔有率、回饋老顧客、創造利潤

2.各位主管一定要善待員工，包括伙食，否則現在全國面臨的用工荒即將影響到我們

3.「亮起來」工程大家要積極配合

4.針對技術，我們要全面加強

3月3日

09：00～12：00 與董事長外出辦事

12：30～13：00 與Lawrence瞭解新世界店相關事宜

事件概括：新世界店店長方愛文隱瞞管理處，春節期間私自開店營業，並幾乎將全部營業額私下分掉

處理結果：

1.思想教育

2.把私分的營業收入全額歸還

3.罰款結果待定（先將營業收入歸還）

與周義文、張建軍談話

1.領導的藝術

2.要使團隊中每個人都可以很好的融入團隊

3.主管的責任感

與陳敏談話

1.武廣美容、永清店的相關事宜

2.店務管理的相關問題

3.與管理處的溝通問題

3月4日

9：00～10：30 準備9日處長會議的相關資料

1.說明與董事長正在討論椰島未來短、中、長期的發展計畫——以穩健為原則

2.3月份的促銷活動一定要開門紅

3.針對公司現行的股東協議、授權書、股卡相關事情進行說明

4.中國目前人力資源缺乏的現象，我們該如何應對？

5.關於一個堅持不懈的裁縫的故事

店長班（商業髮型的學習）

1.技術是生命

2.店務管理、店內形象、員工形象&個人形象

與物流部談話

1.簽單的流程要改善（加蓋印章、日期），分店同理

2.教育部拿貨要規定一個固定的人員，並有陳華軍簽字方可有效（拿貨額度根據去年擬定）

3.現在立刻盤存教育部現有物品

11：00～12：00 美髮分店違規案例通報會議

新世界店、重慶四店、國廣艾瑪店涉嫌違規操作

1.新世界店春節期間隱瞞管理處私下營業，並將營業收入私分

2.重慶四店店長擅自發給自己和「老婆」分別200元加班費和100元紅包，且兩人都未在春節期間工作；另，2月14日到3月1日店長都未在店內上班

3.國廣艾瑪店涉嫌未經許可大筆支出，且獎金發放標準不清；但據店長說明：此項高達7000多元的支出和周國勇及James提及過，用於給國廣老總和在建的摩爾城開發商拜年送禮（今年想展店及進入摩爾城）

發現問題及處理結果：

1.新世界店所在店長、處長都要處罰，部長和督導都是事後才知情，但未上報，具體處罰方案待定

2.重慶四店具體情況有待核實

3.國廣艾瑪店情況有待核實，但發現其問題為定位不清、各類標準不統一——此問題有待開會討論，將其內部制度徹底理清，且管理處人員要多加關心

14：00～14：30 與國廣艾瑪店阿華談話

1.有男顧客借頭髮剪壞為由，與北湖店發生衝突

2.這幾天連續幾次去滋擾北湖店，並將其大門鎖起

3.店長周偉避而不報，要阿華去處理

4.阿華對如此情況很氣憤，並且告知這種店長怎麼能現在外出展店，並且要將北湖店的一個總監也帶走

5.如果真的這樣，北湖店的前途會怎樣？

14：30～15：30 入股見面

15：30～16：00 與廣埠屯店魯磊談話

1.有人急切入股，但無人讓

2.執行長詢問店務管理是否有所加強，為何兩次去店長都不在店內，之前指出的問題是否有改善？

與葉子談話

1.重慶二店春節期間的營業收入除去工資，餘款還不夠支付此期間的房租

處理市衛生局查處店內露新藍染膏事宜

1.聯繫倪飛，告知其事情原委，並要求其提供檢驗報告

2.聯繫魯豔霞，說明以後任何涉及款項的採購必須有Lawrence參與，並有其簽名方可生效（美容美髮同理）

3.與法律助理溝通，要求其統計案例並做出相關方案——如何保護分店的利益？

與魯豔霞談話

1.露新藍染膏事宜

2.歌薇海報的費用——飛揚公司也應承擔

3月5日

交待事宜

1.西門町不交房租事實不存在，請各級主管今後處理任何事情一定要理清事實，不要貿然報告

2.國廣店制度及標準應儘快開會擬定

3.每個月各類報表上交情況要給董事長過目

4.新世界店的處分方案要儘快出來

5.今後每年要擬定春節計畫

6.6日請假至蘭州

7.8日出差至西安

西安報告

1.開會井然有序

2.報告內容清晰

3.3月活動歌薇產品晚到

4.人員充沛、人丁興旺

5.服務/技術

3月8日

09：40～12：00 參加西安（處）周會

1.經理代讀企業文化

2.檢查服裝儀容

3.業績目標的達成情況

4.歌薇的銷售說明（598送228燙/染一次，設200單，398成本）

5.經理回訪大頭

6.店長負責業績/人員/SP

7.教育部黃婉/魏玉剛給出梨花頭手冊，操作工具MSN至各店

8.督導負責專案

① 洗髮時間控制在45分鐘

② 顧客滿意度

③ 買單流程（前臺和設計師一定要一起買單）

9.處長/部長負責內容

① 歌薇提成思想調整/各店PK產品銷售/顧客資料打電話

② 2月顧客不滿意

③ 人員定編情況及歌薇銷售套數的擬定

④ 人員服裝

⑤ 技術提升染髮

10.冷夏雨處長的工作專案

① 緊抓業績

② 緊抓客裝銷售

③ 店內激勵機制

④ 各店新人制定任務/外創

⑤ 廁所衛生環境的維護

⑥ 1月完成指標獎勵的獎金總部（未發）

⑦ 人員自行在店內升髮型師

與張部長瞭解西安狀況

1.歌薇產品晚到

2.派人去西安教歌薇銷售

3.督導與總部聯繫開會

4.梨花頭的培訓共4期，效果不錯

5.經理培訓也在同步進行中

6.新人培訓定在3月8日

7.新展店九店正在裝修

8.培訓場地的承租洽談中150㎡，每平米30元，希望總部支持

9.現在督導會議都沒與當地聯繫——每月應回武漢參與會議

3月9日

09：00～13：00 處長會議

工程部

1.「亮起來」工程

2.新展店裝修風格

客服部

1.投訴案例分析

2.報告3月份的工作計畫

人事部

1.流失率報告

2.例行工作報告

3.本月出差行程&內容

電腦部

1.股東系統的說明

2.卡金分配問題的分析與說明

拓展部

1.每年定期開店月份：3、6、9、12月，其他月份無特殊情況不予開店

2.月份新開店報告

3.再次強調，開店前期準備工作要充足（人員、資金、股份分配等）

監察部

1.客情回訪監察

2.店內人員工服監察

3.本月將出差外地，對相關內容進行監察考核

美髮部

1.部長、處長工作報告

2.周副總報告（豐田事件）

執行長總結發言

1.目前正在與董事長探討椰島未來短、中、長期計畫——以穩健為原則

2.新年第一仗：3月份歌薇導膜的銷售活動——必須開門紅

3.公司目前正在著手簽署股東協議、商標授權書、管理顧問協議，並發放股卡

用人方針——以人為本

目前中國經濟正呈現穩步向上發展的趨勢，市場經濟愈加活躍，繁榮的市場使得對人才的需求更加渴望。新年伊始，各大新聞已全面報導了全國各地關於「招工難、用工荒」的相關新聞。

美容美髮行業屬於勞動密集型行業，人才需求缺口很大，椰島今年計畫開50家店，James正在號召他的「人海戰術」，可見，人才對我們來說是尤為重要的。因此我們要動員全員招工，並且一定要善待員工，從起居飲食到職業生涯的發展都要做到關注、關心、關懷。

堅持椰島的用人方針——招才、育才、用才、留才

裁縫的故事

從前，法國有位年輕的小裁縫，一輩子勤勤懇懇做著自己熱愛的工作，他把裁縫作為自己終身的事業。從他當學徒時就懷揣著一個夢想：為當時的俄國女皇製一身漂亮合適的衣裳。於是，他每天很努力的工作，認真對待每一件經他手的衣服，對每件衣服都細心考量、精心縫製，做到既美觀又合身，儘量符合每位顧客所需，展現顧客各異

的氣質。

就這樣一天一天過去，一晃40年，這位年輕的小裁縫已經是一個家喻戶曉、世人敬佩的裁縫大師。終於有一天，俄國女皇召見他，並請他為其縫製一件禮服，他的夢想終於實現了。當他為女皇量腰身時，他覺得自己這一生的努力都值得了，正是因為這麼多年來的認真和努力，才造就了今天的成就。

結語：認真、堅持、執著，夢想的實現

13：30～18：00 參觀髮源地美容美髮學校

18：00～19：30 與胡明談話

1. 貴陽處教育場地（所需費用）申請——要有詳細的資金核算、專案計畫和報告
2. 與合作商之間的股份分配問題——最好是給錢，不要給股份或效仿光谷店
3. 以貴陽為中心向二級城市延伸的發展線分析

與柴婷、James的談話

——關於股東協定部分

與Mars談話

1. 胡玉泉已基本沒有管理重慶區域的工作，且他會帶走一個區域種子老師和一個優秀設計師（已用過很多辦法都挽留不了）
2. 李炎誠還沒有能力挑起大樑，希望周國勇、張萬鵬和李炎誠好好溝通，儘量讓他能夠勝任處長之職
3. 希望總部派個種子老師去協助重慶區的燙染工作，並從重慶區內部選拔一名能夠勝任種子老師的人選

3月10日

09：00～18：00 股東協議相關問題的處理

1.對相關人員（股東）進行說明

2.與人事部、法律顧問針對相關問題再次討論

3.集合所有部長/處長開會，向其說明股東協議的相關問題，希望各位相信公司，公司的出發點一定是從各位股東的利益出發，從椰島穩定長久的發展著眼

3月11日

09：00～10：00 針對股東協議相關問題再次探討

10：30～12：00

1.接待來賓，並向其介紹公司文化

2.美容部報告重大事件

①工商局直接到姑嫂樹店美容部，要求出示營業執照，無果後抱走店內119套美容產品，並宣稱需以2萬元贖回產品且另外罰款

② 隨即還去過其他店，與此同時，衛生局也在對部分分店做巡查

③ 辦事員聲稱是上頭有人要其來辦椰島

3.與倪飛、陳琪剛等人研究歌薇導膜配貨不足問題

① 指出失誤，並且很嚴重

② 現在各處調貨，能否供應得上

③ 如果實在供貨不足，能否以「此產品熱賣結束」為由，替補上另一種產品

14：00～16：00

1.討論《管理顧問協議書》的相關問題

2.和劉咏輝談論群光二店的房屋合同問題

3.處理竹葉山店「傷人」事件

16：30

去董事長家裡聚餐（處長）

3月12日

09：00～13：00

1.要求將原始股權證全部拷貝並存檔

2.代表參加美容區域經理會議

3.參加美髮督導會議

① 簽署股東合夥協定

② 工資發放問題和財務溝通現已解決，請大家放心，並為之前給各位造成的困擾表示抱歉

和貓總、黃芳、葉子談話——關於高雄店的現況

1.長期墊底，不容再拖

2.討論後決定遷店

3.後續進行中

與周義文、阿華談話

——周義文儘快熟悉國廣事宜，全力協助阿華的工作

處理處長上班時間的問題

1.周國勇在督導會議上，應對周義文的提問時點頭表示處長和督導的工作時間都為9時～18時

2.但管理層根本就沒做出此項決定，處長現在都在詢問

14：00～18：00 與魯豔霞談話

1.歌薇產品的供貨問題——現已全國調配，並且店裡在做導膜卡的銷售，隨後再給顧客產品；西門町方面一定要按比例給
2.以後任何合同的談判和簽署一定要Lawrence參與並簽字
3.產品損益表的問題
4.美髮產品盤盈盤虧的問題
5.施華蔻的供貨問題（想不通過供應商）——利：降低成本；弊：先打款後發貨
6.歐萊雅的合同問題（要比去年遞增恐怕完成不了）
7.遊輪之旅已決定取消
8.物流部退貨人員的問題
9.要刻製物流部專用章

3月13日

1.準備去法國的資料
2.與魏玉剛老師談話
3.與曹總、Lawrence談話
4.安排蘭州來賓的住宿和行程

3月15日

09：00～15：00

1.準備去法國的資料
2.接待蘭州來賓，向其介紹椰島文化

3.為準師班開課講話（20分鐘）

4.處理財務系統及股權卡的相關問題

15：30～17：00 和平基地講話

18：00 接待蘭州來賓

3月16日

與葉子談話

1.1、2月倉庫盤盈盤虧

2.1月虧損1053元——據說是因為一箱陶瓷燙藥水發到店裡沒開單

3.過去有獎無罰，執行長和葉子達成一致，盤虧應該扣罰

與銀行人員洽談

接待銀行及蘭州貴賓

與董書伶談話

1.曾經就職於紅鋼城店，為期兩個月，而後游走於多個行業內公司

2.自稱現在在一個類似管理顧問的團隊中任職專業經理人，目前正在著手寫書（手稿在周義文手上）

3月17日

與王芳談話

與物流部溝通，嘗試去邀請各方廠商、供應商甚至工程隊等，參與贊助我們的《椰島風》，增加版面為其做廣告，達到雙贏的局面

與張婷談話

1.股東協議問題

2.盛小莉的問題——仍需與駿總溝通

3.水電工的工資問題

① 還未定時小郭就已告知幾位員工加工資的事情

② 人事部意見：不能定額加薪，只能酌情考慮適當補貼小額加班費

4.張婷提出類似她本人這種職位是否應該上調工資

5.分店股東的社保問題——仍需與James溝通再做決定

巡視大漢口店

——員工太多，造成顧客&應聘人員望而卻步

與周國勇、李菲談話

——關於香港遊人員前置教育等事宜的叮囑和強調

與李治國談話

——關於李治國到目前為止還未簽署股東協議

和駿總談話

——麥當勞管理心得分享

3月18～26日

出差法國

法國考察報告

3月23日

11：00 參訪法蘭克染髮大師

13：20 與歐洲第一大品牌德頌吉夫人莎麗見面，並一起吃中飯（與曹董/夫人/羅惠珍）

15：15 參觀比金（Jean-Claude Biguine）總部

Jean-Claude Biguine連鎖集團有300多家沙龍，目前在外國共開了121家沙龍，亞洲地區日本、印度與伊朗都有加盟店。四所美髮院分別在法國、義大利、日本與比利時，年營業額達1.5億歐元。

Jean-Claude Biguine的路線多元，除了美容、美髮、護膚、保養、化妝品、粉餅、粉膏、沐浴產品外，還有吹風機、髮夾、髮飾，並推出男性專用的美容美髮保養品。近年來Jean-Claude Biguine也搶進流行服飾界，大賣自創品牌具個性與時代感的時裝、手錶與皮鞋皮包。

Biguine國際連鎖集團的休閒美身美容館在巴黎享有盛名，在法國即有52家美容美身館，海外共54家。

17：45參觀德頌吉在香榭大道總店

Jacques Dessange（德頌吉）是法國著名的美髮大師，顧客多為巴黎貴婦人與國際名媛，其髮型設計概念浪漫飄逸展現女性美。他從1954年就擴展國際版圖，1975年法國各大城分店整合後，成為全法國第一家美髮連鎖集團，1979年起成立多所美髮學院，奠定了高檔品牌形象。

目前Dessange International擁有三個連鎖品牌，集團員工超過1萬人，四支品牌的專業美髮產品早已成立實驗室與製造工廠。德頌吉集團旗下有35種美顏與美膚保養品，120套彩妝系列、19種指甲油、32種美髮產品，一年的銷售額近2千萬歐元。Dessange產品的市場佔有率排名第三。

美髮沙龍品牌為Jacques Dessange、Camille Albane、Frederic Moreno，德頌吉連鎖美髮沙龍已經超過1千家，2007年，第1千家在杜拜開張，國際連鎖業務發展蓬勃，占總營業額的45%；在亞洲地區已進軍了香港、日本、韓國、印度與中亞國家的高檔美髮市場。Dessange International以各國成立總代理（master franchise）制度，推展國際業務。

Camille Albane 是德頌吉集團的第二品牌，在法國擁有351家連鎖加盟店，預計二、三年內要達到400家，已在13個國家設有加盟店。

Frederic Moreno是個年輕品牌，加強開發男性顧客群，目前已進軍歐洲7國，總店數達201家，預計5年內衝到450家。

3月24日

14：00～17：10 至Jean Louis David拜訪，由國際部主管接待並介紹公司PPT

Jean Louis David是歐洲美髮沙龍數量第一品牌，超過1000家，擁有5000名員工，每年擴展新店60家，年顧客量約有1200萬。

Jean Louis David擅長剪髮，創辦人Jean Louis David首創用推子修剪長髮。該品牌每年推出兩季新造型，特重視覺效果及創造流行新趨勢，該品牌風格為造型新潮大膽、年輕化。

Jean Louis David大手筆投資廣告，每年廣告預算約540萬歐元。除了每家店免費發行的最新髮型目錄外，經常在女性與時裝流行雜誌刊登新髮型系列，長期營造創意髮型的品牌形象。

Jean Louis David新造型發表會與法國高檔名牌服裝展同步舉行，美髮走秀，提高媒體曝光率與品牌形象，沙龍店面設計強調個性化。

Jean Louis David品牌的美髮美容護膚保養品在市場具不錯的佔有率，產品受歡迎與信任的程度跟著美髮品牌走。

3月25日

12：20～14：00 巴黎德頌吉夫人莎麗開賓利車來接執行長/惠珍/曹董

1.請客（中餐）在老佛爺百貨公司後俏江南餐廳
2.談邀請至湖北旅遊
3.代邀請剪及染髮師至湖北（由羅惠珍協助安排1～2個月）
4.代理湖北開德頌吉髮型
5.夫人表示再等6個月/也可談看看
6.出書翻譯（中文由羅惠珍溝通）
7.股份和我公司現況一樣
8.總部沒其他股東
9.總店月業績：18位設計師，客數約200人/日，收入6萬歐元/日*25日=150萬歐元
10.有一位設計師剪髮40年，每次300歐元，設計師平均業績約3300歐元

17：00～19：00 拜訪deforges教學中心

1.談技術拉丁學院派長/中長/中短/短4款髮型
2.技術學哪裡？
3.應成立教學中心來教育設計師
4.幫顧客設計髮型應依臉型/沒創意最後會沒錢賺
5.正式邀請5～6月有空至武漢

3月28～31日

中午出差西安

3月31日

與物流部談話

1.歐萊雅的合同（80萬）
2.施華蔻的合同（100萬）
3.歌薇的合同
4.談及西安事宜

整理法國考察資料

與防損部人員聯繫出差西安事宜

2010

4月

4月1日

整理法國考察資料

與駿總談話

與駿總、Lawrence談話——關於培訓教室的租賃

準備出差事宜

4月2日

出差西安

4月3～11日

回臺灣（除開2個周日，5日清明）

4月12日

《從技術能手邁向管理高手》內訓課程

4月13日

處長會議

與周工談話

1.股卡、股權證何時完成、發放到股東手中

2.相關系統升級問題

與周義文談話

西安後續問題（經理）——出差西安

與魯豔霞談話

1.施華蔻合同定為100萬，返15個點（150萬返18個點，200萬返20個點）
2.歐萊雅合同80萬，返15個點（執行長建議引進卡詩）
3.西安的相關合同（曹總之前答應過簽訂金額為50萬）
4.歌薇答應送2台電腦
5.走道展示櫃準備全面利用起來，展示產品、學習工具等（執行長建議將此類物品價格降低，保本賣給員工）
6.西安、貴陽物流發貨問題
7.Yes I Do熱燙藥水價格問題（廣東進貨低於總部）

入股見面會

1.發現問題：企業文化背誦不全面（人事部通知只背企業文化和經營理念，3S標準、用人方針等都未進行要求）
2.執行長建議：今後入股見面會安排在早上，並以書面考試的形式進行

與孫律師、郭茜討論股東協議相關事宜

參加處長會議

——與處長溝通關於《管理顧問協議》及《商標授權書》等相關問題

4月14日

與郭茜、思思談話

1.和合作商的合作協定問題討論
2.執行長教授合同、協定、檔案管理
3.建議周工在系統中設置合同到期自動提示
4.各店法人代表、正確地址要儘快統計出來（拓展部張樹負責）

與駿總、Lawrence、小郭談話

——關於商標授權問題

參加財務會議

與郭茜討論相關協議的修訂問題

4月15日

9：00～12：00 參加美髮虧損店檢討會議

1.虧損店有：東一店、馬場角店、龍陽店、高雄店、南湖店、百步亭店、南湖二店、香江花園店、爵士店、江漢二店
2.各店長對店內各項資料不熟悉，對每天須達到的業績也沒有清晰的目標
3.每月/日沒有詳細的作戰計畫
4.對每月各項固定支出沒有做規定性的預留

執行長發言

1.店長要全面掌握業績、員工、服務、顧客、技術、公司任務等方面
2.虧損無藉口，要想盡一切辦法解決問題，提升業績

3.每月固定預留和支付的款項必須按規定預留和支付，決不可圖眼前一時利益

4.2000元以下虧損的店，明顯店長沒有負責，以後2000元以下虧損的店，虧多少店長就罰款多少

與張萬鵬談話

1.民院店美容部問題

2.美髮美容綜合店的選址問題（張萬鵬指出美髮負責選址，美容完全無貢獻，但營業後美容卻很大程度上需依賴美髮）

3.張萬鵬再次指出美容虧損部分由美髮支付

與天姿校長會面

參加與孫萬林的飯局

4月16日

處理利濟路店

——股東設計師在和平基地培訓摔傷事件

與曾晶談話

與James、曹華兵、周國勇談話

——關於高雄店與西門町香港路店合併問題

與魯豔霞談話

——關於美容部產品及所產生的活動方案

與石廠長談話

——關於毛巾廠擴遷還是外包，Lawrence決定

14：00～17：00 參加美容區域經理會議

執行長發言

1. 重視以下分店長期業績低迷：高雄店、吳家山店、武廣店、統建店、華師店、魯巷店（不要找任何外因和藉口）
2. 吳家山要開新店傳聞的核實和影響
3. 業績報表要增加人力配置，要尤其重視人才的快速有效培育，以備美容部「老化」問題
4. 做蠍尾刷和新進儀器活動案之前要有計畫（應達業績目標、利潤、成本和客量等等）
5. 店內擺設、茶水和餐點等要統一研發、原料採購
6. 美容要和美髮經常互動
7. 教室不夠用的問題正在解決中
8. 股東協議和股份分配問題的再次強調
9. 學習美髮的「下店單」
10. 退卡應交由美容部親自做（專業知識比較強；儘量減少退卡數量）

董事長發言

1. 要做好皮膚儀器所產生的後續問題：① 過敏糾紛 ② 產品售後回訪

4月17日

接待山東濟南來賓

4月19日

參加美容會議

1. 美容要與美髮部多互動
2. 管理處各部門也會多多參與美容部的會議及活動
3. 拓展部劃分到管理部，同時為美髮與美容兩個部門服務
4. 法國考察報告

與Lawrence、魯豔霞談毛巾廠問題

處理「新店培訓住宿費用計入工程款」問題

與陳華軍討論下月法國老師來漢事宜

管理處例會

執行長發言

1. 關於商標的說明
2. 防火安全、電線增容的問題（總部已經在解決中）
3. 部門職責分配表的製作和張貼
4. 企劃部應製作費用價格表
5. 工程部要向分店說明今年裝修的趨勢、風格、要求、成本等等
6. 美髮部應遵循統一起價
7. 人事部組織表（附照片）
8. 拓展部應把開店進度和資訊張貼於管理處
9. 美髮部儘快定出安全庫存量
10. 不要將「嚴厲打擊假產品、低折扣卡」流為口號，要付諸實際行動
11. 世博會公休問題
12. 美髮教育部不能僵硬化，老師要靈活輪調，甚至處長、種子老師、優秀設計師都可以來當老師

13.商標授權書、管理顧問聘用書的再次說明與強調

14.處長、督導等屬於管理處編制，很多時候需要站在管理處的角度為分店服務（管理處並非一無是處）

與周工談股權證相關問題

與區域收銀主管余珊珊談話

4月20日

與葉子、徐總、周俊、張婷、James談話

——股權證相關問題

與思思談話

——教導工作中的相關問題

瞭解管理部各部門工作內容及進度

瞭解美髮&美容部現行管理處培訓課程及內容

「玉樹賑災」事宜

——行政部發函到各連鎖店

接待客人

與杜總談話

與李治國談話

——股東設計師問題

與陳華軍談話

——法國老師來漢授課事宜

4月21日

與張婷談話

——老設計師工資提成的改善

與馬場角店美容店長艾美榮談話

——翻新後店內的工程、裝飾、業績、管理處等各方面淺談

與James談話 ——美髮部營運方面相關問題

與Lawrence等人召開「關於法國老師來漢」相關事宜的首次會議

與胡明、夏雨等人聯繫，知會人事部出差事宜

參加新進客戶經理培訓課程畢業典禮

「玉樹賑災」函已發至各店

4月22日

緊盯拓展部張樹收集各店工商營業執照事宜

——5月20日

接待超霸董事長一行

與曹華兵談開店問題

與魯豔霞談話

——工具的採購&外地發貨問題

與James談話

1.老設計師工資提成問題

2.副處長工資問題

3.曹華兵在西安開店，由誰管轄？

4月23日

與葉子談話

1.分店管理費如何收取？——執行長建議可以設置上下限，不能一成不變，以此激勵業績的提升

2.毛利報告爭取每月報一次

3.收銀員的輪調事宜（建議先實行分區輪調）

與陳華軍談話

——法國老師來漢培訓相關事宜

與馮慧、阮旭勇談話

1.千禧園店「偷水」問題

2.南湖一店「偷天然氣」、沌口店「偷電」

4月24日

參加光谷二店開業

巡店

——魯巷店、當代店

4月26日

針對美髮部拿出的《老店提升方案》提出相關觀點

與陳華軍老師談話

——法國老師培訓事宜

參加美容部新美容師畢業典禮

股東入股見面會

與曹總談話、郭茜聯繫

1.西安余瑞安余總相關事宜

2.盤龍城房屋合同相關事宜

4月27日

《員工手冊》事宜

——公司應製作《員工手冊》，包括企業文化、管理制度、晉升制度、財務制度等

與美容部區域經理談話

——美容部營運問題

與劉咏輝談話

——店長培訓機制（報名、資格審查、培訓、考試、晉升，建議兩月一期，由專人負責）

管理處例會

1.分店偷電、偷水問題一定要杜絕

2.新店開業，建議不要各自送花籃，以出資形式統一購買
3.管理處走廊照片要更新
4.股東建行卡5月5日之前可以全部完成
5.分店的髮型圖片要統一
6.玉樹捐款問題要儘快解決
7.強調曹總的行動計畫
8.管理處人員上班形象需要全面提升
9.教室管理越來越差——建議使用教室使用者承包制
10.現行還未制定完善的店長任命機制要儘快制定

4月28日

與周義文去盤龍城看房

與葉子、周俊談話 ——財務收銀/分紅系統的相關問題

法國老師等人來漢安排/匯款事宜

與萬成談話——指導現行的染髮提升班

4月29日

與陳華軍談話

——作秀費用太高，能否降低費用或是直接取消髮型秀

與小郭、王紅兵談話 ——工程隊施工&款項問題

與James談話 ——美髮部營運事宜&髮型&國外老師的相關問題

與威娜公司人員會面

與董事長談話——遠端教育問題（聯繫陳華軍，下周開始錄染髮）

與劉咏輝談話：開店流程

1.資金是最重要的，沒有資金就不要找門面/開店
2.人員、選址及後續授權等諸多問題都要考慮

檢閱拓展部新展店升級流程

——不夠詳細和清晰，建議將各相關部門有關新展店的各類文書資料全部彙整到一起，裝訂成冊

處理用車罰款事宜

4月30日

與曹總談話

與皮先玉談話——新店（水果湖店）的前期準備進行得如何？

緊盯開新店流程

——資金為首要事項，人事部相關事務辦理妥當及資金到位後，教育部方可接收

與葉子談話

1.西安馬總、魏玉剛回漢的報銷問題
2.外地處撥款問題（要製作流程）

與阿良談話——關於新店前期準備

2010

5月

5月4日

財務提取西安房屋合同

與James、張婷談話

所有店長本月簽署各類相關協定的問題

與黃芳、周義文談話

——原大成路店顧客購買的產品，有部分被管理處收回給教育部使用，現在有顧客要求拿回產品，以致發生投訴

與倪飛談話

美容店長/顧問會議

——授課「企業組織架構及內容」

與劉咏輝、郭茜談話

——房屋租賃合同相關問題

至董事長辦公室開會

與魯豔霞談話

1.外地店發貨的風險問題（丟貨/破損）

① 要擬定規章制度

② 在沒有明確的制度之前，破損造成的損失只能由公司承擔

2.髮型秀贊助問題

與駿總談話

1.現行人事調整政策使美容部業績增長迅速，且穩步提升

2.對此，之後美容部還將快速提升人才，完善組織架構，使其達到更好的效果

5月5日

與James、周國勇談話

1.種子老師的相關問題
2.部/處的調整問題

與Lawrence談話

與張婷談話

1.新股東入股流程
2.各類函/令的歸檔和整理

管理處會議

執行長發言

1.管理處人員上班形象&流水牌
2.張婷、郭茜、蘇平出差很辛苦，所以工作一定要落實到位
3.董事長行動計畫的強調
4.會議禮節——重要會議時不要不停敲門打斷
5.與他人溝通時要注意禮貌
6.總部人員是否在做工作報告
7.管理處衛生制度要加強管理

董事長發言

1.管理處人員形象問題
2.企業文化背誦的再三強調
3.人事部出差要確實將公司真誠對待每一位員工的宗旨傳達到位
4.防損部的安全報告要到位
5.郭茜的合同簽訂問題要處理

18：30 至董事長家開會

5月6日

新入職助理培訓班講話

——《美髮師三部曲——助理手》

與周國勇談話

——美髮部部/處的調整和敲定

與徐總談話

——關於須給銀行的資料的提供

工程部相關官司事宜

與葉子談給法國匯款事宜

與魯豔霞談話

1.物流部事宜

2.市場策劃部

與王芳談話

1.走廊翻新照片的修訂

2.投標書的相關事宜

3.美髮部造成的5月活動相關廣告製作費須多花3000多元（按周國勇決定，對張萬鵬部長進行處分）

接待高總一行

與Lawrence、王芳等人談話

——修訂公司簡介手冊

5月7日

歐光應老師授課

1.21世紀服務力的競爭

2.如何提高業績（客數、客單價、客次）

3.行銷專案全面化

① 產品、技術、行銷和創意

② 質感調整——菜單調整

③ 年度計畫行銷案

4.法國Visa系列產品的介紹

5.為弱店進行教育訓練（敲定店名、時間、準備相關資料）

與周義文、高總、歐老師、李菲、阿華等人洽談

1.Visa相關問題

2.艾瑪店的後續發展問題

關於分店房屋租賃合同的管理

——任何人提取、查閱或複印，必須有執行者簽字

與董事長、徐總會談

向董事長引見高老師、歐老師

5月10日

安排臺灣女子美容美髮公會許理事長等一行人來漢事宜

（後勤部、企劃部、思思）

與駿總、張杏紅討論美容部營運及組織架構問題

與Lawrence談話

1.管理處環境很糟糕，怎樣改善？

2.臺灣公會一行人來訪事宜

與魯豔霞談話

1.歐萊雅形象店（初步定為大漢口店、光谷店），另14家店做洗護推廣（給予教育支持）

2.美奇絲合同（是否能完成與返點相關問題）

3.歌薇10家形象店事宜

4.歐萊雅希望與我們聯辦8月大型活動

5.管理處相關人員訂制工服（偶爾舉行大型集體內訓等活動時所需）的費用問題

14：00～17：00 參加美容區域經理會議

5月11日

前往田田基地參加處長會議

5月12日

參加上海「美博會」

5月13日

與魯豔霞談物流部日常事務

與駿總談美容部營運事務

——執行長約談美容部各相關人員

與葉子談話

——西門町相關事宜

與小郭談話

—— 分店空調清洗問題

和西安馬總談話

與張婷談話

1.美髮教育部工資方案

2.人事入股流程的把握（企業文化的背誦）

與王芳談話

1.投標書的問題

2.追蹤臺灣公會人員來漢所需資料的準備情況

與曹總談話

10：30～19：00 入股見面會（共進午餐）

14：30～15：30 參加美髮準師班畢業典禮

5月14日

9：00～11：00 虧損店會議

——高雄店、梅苑店、香江店、古田店、永清店、爵士店

與王芳談話

——來椰島工作後的狀況和困惑

11：00 接機「臺灣女子美容美髮公會許理事長等一行」

5月15日

接待「臺灣女子美容美髮公會許理事長等一行」

5月16日

接待小林董事長（下午至辦公室參觀介紹）

5月17日

與張婷談話

1.外地主管回漢的補助問題

2.周輝從爵士店勾人問題

3.社保遲交問題（當時財務未給錢，現在補交，醫保需半年後才可重新啟動）

與毛巾廠石廠長談話

1.鍋爐問題

2.道路交通問題（過橋單雙號）

與小郭、王紅兵&羅明軍談話

——裝修問題

與魯豔霞談話

1.各方廠家合同的問題（本周簽訂美奇絲合同）

2.所有分店及管理處的印刷產品必須由物流部統一製作

3.配合拓展部製作新店物資購買清單

4.髮型秀贊助問題

5.大公椅的採購（我們還有欠款40多萬）

6.美奇絲6個台灣行名額

至董事長辦公室談話

——緊盯相關部門準備防損、監察等相關資料（照片）

參加美容部會議

——人事任命（頒發聘書）儀式

人事部出差相關事宜

與陳敏談話

與駿總談話

——美容部人事調動問題

5月18日

辦公室人員形象問題

——明天依要求組織各部門照相

前臺/客服人員的招聘問題

——形象和學歷均要符合要求，最後由執行長親自面試

財務部&人事部辦公室調整

——工程部和後勤部協助完成

管理處會議

參加董事長家宴會（17：00離開）

5月19日

出差太原

5月20日

太原報告

1.外地店工商執照等相關證件的辦理問題（太原二店因為此問題昨天下午4點才剪綵開張，但是未營業，且因工商執照和產品問題被要求罰款5萬元）

2.太原一店（小勇）現每日客量70多，本月營業額至今10萬（之前被罰1萬）

3.小勇現需要資金支持尋求門面，目前有個500㎡的商業區門面正在洽談中（地點不錯）

與曾晶談話

——不要因為黃芳的異動影響工作情緒

與James、劉咏輝談話

1.西門町的相關問題

2.西安/張軍的相關問題

與蘇耀華談話

1.西大街店目前客量和業績逐月下滑（20%）

2.這種情況下不要盲目外創以增加客量，而要就現有顧客提高服務品質，增加與顧客互動的機會和時間，加速銷卡等專案，依據此法才能使業績有效、穩定的得到後續提升

和羅明軍談話

——新店的前期準備

與周義文談話

1.黃芳的問題

2.西安的後續問題

與Lawrence談話

1.管理處的會議安排問題（各類會議太多，致使相關部門的正常工作時間都被佔據）

2.太原開店的辛苦

3.拓展部相關問題（助理要展現其職能，不能劉咏輝不在就什麼事都辦不了）

4.財務部和人事部的搬遷

美容新店（金玉店）股份分配的確認

5月21日

9：00～12：00 前往天姿學校

與James、李治國、劉咏輝談話

——蘭州二店勾人（爵士店多名員工）事宜

與小郭談話

——波波的家樂福店8月要開業

財務部已基本搬遷

與黃毛談話

1.花橋店門面問題

2.找劉咏輝瞭解，已在積極處理中

與周工、徐總談話

——協助準備銀行所需資料

與張杏紅談話

1.王紅調往美容部擔任美容策劃部盛老師的助理（急需購置電腦）

2.領導藝術

5月22日（周六）

與Lawrence談話

1.現行管理處培訓狀況

2.美髮業的前景（燙染）

3.美髮教育部的現行狀況

參加美髮教育部周會

與羅明軍談新展店事宜

5月24日

10：00～11：00 店長班《店長的基本職責》

面試前臺應聘人員

與James、曹華兵談話

——組織架構及營運問題

與駿總、張杏紅商談

——明天（25日）去廣州參觀廣州安植公司（主導精油）

14：00～16：00 管理處例會

執行長發言

1.去太原店，體驗開店（尤其是外地）的辛苦，很多證照的問題我們應給予更多的幫助和輔助、教導

2.對外的海報、圖片等還需斟酌和挑選，注重品質

3.我們的學員在天姿培訓的情況良好，也較有素質

4.分店人員（尤其是助理）的離職手續要壓縮，店長簽字就可以了（部長/處長可免除），不要增加分店人員的困擾

5.公司簡介手冊的製作

6.企業文化中添加「紀律嚴明」

7.美容業績落差較大，需要警惕

8.處長工資何時發？——今天可以解決

9.天氣轉熱了，要注意分店/寢室安全問題

16：00～19：30 美容處長會議

5月25～26日

（出差廣州/深圳）

拜訪廣州安植企業（台商）

1.行銷招商模式創新，極具競爭力
2.一年2次招商，每次招商金額達8000萬元，共計1.6億元
3.今年銷售業績預計3.5億元

參加美容展交會

去深圳看門面

——美容放棄此門面，因為此門面過於靠近香港，我們的市場競爭力可能不夠，很難做業績

5月27日

與陳華軍談話

1.教育部的未來發展
2.從組織架構看，教育部人員應從事傳授、推廣和監督的職責，而不是傾力親自做一些事情，以至於完全沒時間去現場做檢閱和監督等後續工作

與劉咏輝談話

1.明天14：00萬達集團湖北區域總經理一行三人蒞臨公司事宜
2.咸陽店合同事宜

與梁隊談話

——想工作充實點，希望調到工程部做水電相關工作

企劃部

1.企業文化的修訂
2.企業簡介的修訂
3.管理處人員外出所用流水牌的製作問題

與駿總、張杏紅、小郭談話

1.新店的裝修
2.與駿總討論美容的組織架構

與李菲、葉子談話

1.關於報銷的相關問題
2.美髮部某些帳務，實行專款專用報銷制度，以便財務工作

5月28日

與張杏紅、常明紅談話

——美容部組織架構&營運的相關問題

與小郭談話

——辦公室搬遷的整改方案

聯繫周工

——詢問財務部門禁及辦公室監控系統事宜：財務部門禁下周可完成；辦公室監控系統正在洽談，出價較高

接待萬達湖北區域總經理一行

與張建軍、劉咏輝談話

——開店事宜（很緊迫，大漢口店內設計師對開店事宜都很急切）

與陳華軍談話

1.教育部老師的職能&架構等相關問題

2.教育部課程安排和相關費用的問題

5月29日（周六）

與小郭談工程隊的培養問題

與曹總談話

1.廣州/深圳出差報告

2.企業文化的修訂

17：00～17：30 新入職助理班講話

5月31日

與石廠長、周國勇談話

1.毛巾調價問題

2.單價太高，不能與分店達成共識

與劉咏輝談話

——花橋門面問題（正在處理中）

物流部相關事宜

1.相關費用清單的整理

2.每月的盤存進行抽查

與Lawrence、周義文談話

——管理處會議安排

管理處例會

執行長發言

1.管理處針對會議安排要做適當調整，提高效率
2.辦公室的調整
3.毛巾廠調價問題的協調
4.開店流程要嚴格監督

重要事宜

1.Visa的相關拓展培訓（第一批定於6月1～2日，地處江夏，目的提高客單價）
2.分店勾人問題嚴重，人事部要立即採取措施
3.異地劃卡方案基本出臺，但目前只能一季度統計出表一次，今後會實現每月一次

與劉咏輝、彭文斌談話

1.門面選址的相關討論
2.開店速度太快，要嚴格控制（尤其是目前開店過快導致內部勾人現象極為嚴重，致使老店嚴重受損）

處理西門町事宜

1.西門町擅自將其航空路店賣予他人
2.已聯繫郭茜，說明其事態嚴重性，我方可走法律程序

與周國勇、魯豔霞談話

1.Visa產品&培訓的相關事宜
2.日本行的相關安排&贊助

2010

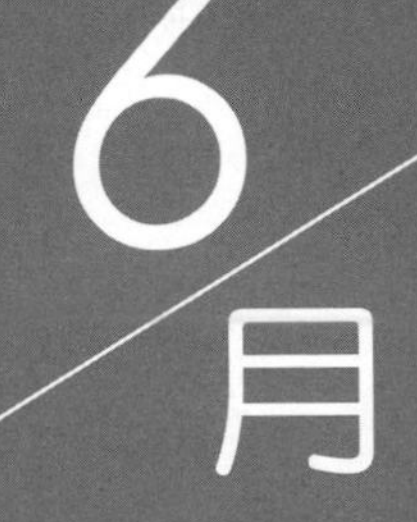

6月1日

與張婷談話

1.出差報告（西安、成都、重慶、十堰）

2.請人事部定期與外國名企（尤其是日本）聯繫，做好關係基礎

與魯豔霞談話

1.參觀日本髮廊相關事宜的聯繫（很困難達成）

2.財務系統的體會（收支兩條線造成的困惑也較大，零星支出太多，很不方便）

與教育部雪蓮談話

1.教育部的課程安排

2.教室目前空置很多，如何管理？

與曹華兵談話

1.西安咸陽店的關注

2.營運管理&拓展開店的相關問題

前往江夏基地為培訓人員講話

——地點&條件不錯，但前期準備有待改善

與葉子、曹總談話

1.財務部運作問題

2.財務系統的相關問題（明天早上9：10召開財務會議）

6月2日

09：00～10：00 參加美容店長/顧問會議

——頒發部長/處長聘書

與郭茜談話

1.西安事件相關事宜及後續問題（法務問題）

2.西安分店營業執照的辦理&房屋租賃合同的相關狀況

與財務部、物流部談話

1.美髮產品刷條碼事宜

2.倉庫盤盈問題（2000元）

與周義文談話

——虧損店的培訓事宜

11：15～12：15 財務會議

執行長講話

1.人員的調配是為了企業更穩健的發展

2.工作合理分配，責任到人

3.財務系統的運作

4.工作態度&人員素質的提升

5.工作流程的簡化

6.財務門禁系統兩日內完成

7.有任何困難都可提出

8.分店損益表（10日完成）——分部/處

9.現金流量表（存摺）

10.審批流程

① 零星開銷（備用金）——葉子
② 房租、水電之類的例行支出——葉子
③ 分紅類報表——執行長
④ 工資表（人事&財務要核對）——執行長
⑤ 裝修工程款——執行長
⑥ 其他非例行&正常支出——執行長

11.每月資金缺口資料
12.貸款計畫

董事長發言

1.業務精通、爛熟於心
2.制定嚴格的工作流程和制度
3.服務態度要改善
4.財務安全性
5.高效——時限&責任人
6.主動能動性——敢於發現問題、提出問題
7.準時精確提供財務資料（各方所需）

14：00～17：00 前往田田基地講話

1.助理培訓班——鼓勵
2.提升店（北湖店、姑嫂樹店、新華家園店、香江花園店、爵士店）設計師培訓班——目標管理

17：00～18：00 財務會議（邀請各相關部門參加）

6月3日

與周國勇談話

——日本行事宜

修訂《椰島簡介》

與舒娜交待國外老師蒞臨椰島相關事宜

與小郭談話

1.工程部派水電工出差外地擔任工程監理事宜——執行長否決掉了

2.工程問題要想如何從根本上解決，不應該我們這邊派手下去監理

3.小郭可以去外地巡視

與魯豔霞談話

1.重慶五店失貨事宜——下不為例

2.每日財務劃帳事宜——魯提出風險性太高，其一人承擔不了

與劉咏輝、小郭談話

1.目前所有裝修中的店的工程款明細總表——小郭

2.目前所有新展店的所需資金總表——劉咏輝

3.將此表交由財務部，以便財務運作

與財務部、物流部談話

——公司目前有關工程款、造價款及各方廠商的應付帳款要核算出來

與郭茜、張婷談話

1.商標授權&聘用問題

2.律師的態度差別

3.股東協議&勞動合同（就用剛剛律師提到的湖北版）

與羅敏、簡旭談話

1.日本行某部分贊助問題
2.日本髮廊參觀安排（可否安排有待商議）
3.下半年的初步計畫（前往新加坡&馬來西亞學習）

協助舒娜聯繫國外老師

與劉咏輝、周義文談門面選址、開店計畫問題

6月4～5日

請假

6月7日

與羅敏談話

1.物流部相關部門責任書
2.物流部流程——不能過於繁瑣，若逐個簽字確認會趨於官僚化，羅敏自己要負責
3.倉庫庫存管理問題——很多存貨無處可用，造成很大浪費
4.工作服浪費最大，總是說換就換，毫無計畫——執行長建議成立制服委員會，討論工服的年度計畫

與郭茜談話

1.房屋租賃合同的相關問題
2.尋找更瞭解商標法等法律專業人士（最好是大學教授）
3.製作《讓別人採納邏輯構成法》PPT

4.將法律常識加入每期《椰島風》

與葉子談話

1.工程款的支付流程

2.新店開業前的零星開支（掃把之類的清潔用品等）借支動作可否一次完成，否則流程太繁瑣

了解美容清涼寨特訓班的課程內容

——尤其是幾位部長、（副）處長等人員的課程內容

14：30～15：30 財務會議工作報告

1.清零工作的進度——估計趕不上12日分紅

2.現金流量日報表的工作強度太大——每天要花6個小時以上才能完成，以致余珊珊完全沒有多餘的時間做其他工作

3.異店劃卡問題——分店不能私下達成協議

4.大漢口店、竹葉山店的異店劃卡問題

5.POS機的損壞修理會影響分店收銀作業——已和銀行協商，在各個外地分區放一台備用機

6.各方產品廠商和工程隊的相關款項結了一部分，暫時沒問題

7.魯豔霞每日打款工作強度太大——要未雨綢繆，選好儲備人才

8.人事部與財務部要密切配合——股東異動表之類的檔若人事部晚交給財務部，會拖慢整個財務部的工作，尤其是分紅

9.新店股東名單&編號——人事部要第一時間做出來

10.投資收益表要顯示原始資料

6月8日

9：30～12：30 美髮處長會議

執行長發言

1.《讓別人採納邏輯構成法》的報告
2.關於董事長之《行動計畫》的闡述

董事長發言

1.椰島夥伴們的艱辛和未來
2.教育部的提升（傳授、教育&監督作用）
3.緊密式管理體系
4.股份分配不要隨意承諾
5.工作平衡（勾人問題）
6.工程款（流程）問題

參加「西門町事件」會議

與孫小勇、黃波波、胡明談話

1.從地圖上分析戰略方針
2.店長班讓部長都授課

與黃波波談話

1.管理處相關部門的職能體現
2.不要相互推卸，更不要輕易對在管理處辦事的人說NO，即使實在辦不了，也應耐心解釋

與周義文談話

——《督導手冊》是否可以給予督導個人

與李炎誠談話

1.重慶區域拓展方向

2.開店速度是否太快？

3.開店的最佳季度

6月9日

9：00～10：00 美髮準店長班授課

——《公司企業文化&發展方向》

10：30～17：00 前往清涼寨

——美容準店長班授課《美容店長的基本工作》

6月10日

與葉子談話

——西門町的相關問題

與張婷、郭茜談話

——授權書的問題

與徐總談話

與Lawrence、陳華軍談話

至董事長辦公室談話

美髮準店長班授課《美髮店長的基本工作》

與周工、李炎誠等談話

——電腦系統問題

與周義文談話

——督導手冊&課程內容

與張婷、葉子談話

與James談話

日本行事宜的安排

6月11～15日

請假4天

6月17日

與張婷談話

——新店股份的分配問題

與曹總談話

——法國老師來漢事宜的相關安排

與小郭談話

——工程隊&裝修問題

入股見面

與羅敏談話

1. 由劉師傅之前的貨車事故理賠問題延伸的關於「公司司機發生事故的理賠規定」的討論

① 此次出於多方考慮，由公司方面支付

② 若今後再出現此類案例，由公司與本人各支付一半

2.物流部倉庫盤存事宜——盤盈比盤虧後果更嚴重

3.分店空調購置和報價問題

4.貨物進出管理

5.新店開業前期物資採購表（放入展店手冊）

與周義文談話

1.《公司手冊》電子版：包括技術、管理、教材、簽訂的相關協定範本（不能列印，只能閱讀）、電腦操作手冊等等

2.將全套手冊交予他們，讓各級主管能夠真正從根本上成為一名優秀的管理者

3.店長、經理培訓/手冊的相關討論

與張婷、郭茜和思思談話

1.關於公章的使用問題

2.今後購房購車等相關收入證明一律蓋人事專用章，不蓋公司公章

3.蓋章之前郭茜要仔細檢閱相關資料（例如購房證明等）

6月18日

追盯《椰島簡介》更新版、外國老師簽證辦理資料等相關事宜

與郭茜、思思談話

——工作中遇到的一些問題和處理方式

與Lawrence前往田田基地

——燙染速成班

與彭思思談話（髮型秀聯辦活動案的相關討論）

1.從各方面考慮，根據預算和投資回報等來做詳細計畫

2.與周國勇等人討論，最好與髮型秀聯辦，效果會更好

董事長辦公室談話

與天賜談話

——公司外派培訓期間要好好表現，真正學到東西，回來將課程講義交予人事部

與小白、思思談話

——可以就讀秘書培訓班類似課程

6月19日

與程博談話

——《公司Know-how手冊》能否電腦化

與魯豔霞談話

1.日常工作情況

2.財務系統的運作情況

6月21日

與周義文、Mars談話

1.22～24日的全國（客戶）經理在田田基地的培訓事宜（查閱課程講義）

2.《公司Know-how手冊》可以電腦化

與郭茜談話（近期的工作討論）

1.員工社保問題

2.勞動合同修訂

3.事件要分緊急&非緊急酌情處理，不要一把抓

4.現在兩個律師有些觀點和態度不一樣，我們只能作為參考，不能完全聽取

5.聘請大學教授作法律顧問的事宜

管理處例會

財務部例會

與高雄店股東談話（6位）

——與貓總談話，儘快找尋解決辦法

與財務談話

1.款項的簽署（工程款等大額款項必須執行長簽署，若執行長不在，葉子暫代，回來補簽）

2.Lawrence也不可簽署

3.深圳四店的工程款問題

與小郭談話（巡店報告）

1.監理設計的相關問題（聘任專門的監理是不現實的）

2.此次巡店發現貴陽九店90%木板不合格，要求其立即拆除重做

3.執行長的建議：小郭以巡查為主，並製作《裝修規格表》交予裝修隊，將每個步驟和部分的標準和要求一一列明，裝修隊必須按此規格施工

6月22日

與馮慧談話

1.外地學員來漢的住宿問題

2.需要增加備用金以便租房之用

與周國勇談話

1.近期業績狀況

2.外國老師來漢事宜

與陳華軍談話

1.外國老師來漢的安排

2.法國老師課程的安排和大概授課內容&方式

與葉子談話

1.馮慧那邊增加費用的問題

2.今後支出單的簽署問題（零星&例行開支葉子簽署）

與周義文討論經理培訓課程的相關安排和內容

與郭茜探討相關法務問題

安排停電後續事宜

6月23日

追盯法國老師來漢事宜

13：00～19：00前往白雲觀——《全國經理培訓課程》

6月24日

與張婷、郭茜談話

1.股東協議和股權卡的相關事宜

2.社保的辦理問題

3.股份分配的相關問題

與陳華軍的談話

1.法國老師來漢事宜

2.教育部的職能

與駿總談話

1.處理新店股份分配相關問題

2.《椰島簡介》添加相關美容的部分

與董事長談話

1.周六湖南參訪團安排事宜

2.參觀公司，大漢口店，《椰島簡介》

3.後期事宜由劉咏輝追蹤

與Lawrence談話

2010

7/月

7月14日

與周工談話

1.分紅轉帳工作已經完成，步入正軌

2.其他電腦系統相關事宜

財務運作&近期情況的瞭解

接待法國老師&午餐

與工程部新進助理見面

1.自身專業領域知識不熟悉（藝術設計專業）

2.招聘事宜有待加強及完善

瞭解太原四店的相關情況

——造價、選址、股份分配等

與張婷談話

1.下店報告

2.人事股份問題

3.協定的簽署事宜

4.本月工資表事宜

與郭茜、思思談話

1.法國老師來漢事宜的追盯

2.人事部的招聘問題

3.核心部門（財務部、教育部等）的相關合同&協定的擬定和簽署

4.《股東協議》今後的修訂問題

5.年終考核的考慮

6.做人，尤其是年輕人，一定要有很強的目標意識

準備明天召集美髮/美容部會議

1.本月業績

2.8月活動

3.虧損店成立專案

旁聽法國老師課程

7月15日

與駿總、葉子談話

1.本月業績&活動

2.虧損店

與羅明軍談話

1.統建店店長股份問題（經濟困難，申請放寬繳款，從後期分紅和工資扣）

2.店內股份分配&裝修款問題

與葉子談話

1.工資系統出現嚴重問題：分店可以看到其他店的工資；分店似乎可以自行添加人員名單

2.已聯繫周工去核實情況，若確有此事立即處理

召開美髮部會議（與會人員：董事長、周國勇&各部長）

1.本月業績的重要性

2.下月活動的策劃

與葉子談話

1.財務的運作情況

2.法國老師的款項

與劉咏輝、黃芳談話

1.西安部門營業執照的相關問題

2.胡玉泉近況

與張杏紅談話

7月16日

財務部美容會議（與會人員：徐總、葉子、張杏紅、李珊霖、盛麗芳）

1.財務貸款的意義和用途

2.業績達成的重要性

3.未來發展戰略

旁聽法國老師課程

與Lawrence秘書談話

1.資歷太淺

2.本專業領域知識不熟悉

與徐總談話

7月17～18日

陪同法國老師課程

7月19日

安排近期事宜

1.義烏曼都下午參觀
2.喬治老師行程安排
3.蝶佛吉院長武當山之行的安排

大漢口水電氣&房租分開問題

1.周義文和張杏紅共同討論
2.房租照舊，水電氣可以分開，美容承擔整改費用
3.雙方要保持良好的溝通和關係

接待義烏曼都一行

7月20日

參加美髮處長會議

——對資料瞭解和分析不夠透徹，所得出的結論就不能成立

陪同喬治老師前往大漢口店/國廣店

與張建軍談話

——管理問題&與美容的關係

與陳華軍老師談話

1.教育部的職能和運作
2.對美髮相關事務的認知
3.法國老師此行的感想

7月21日

送喬治老師

管理處會議——重點討論問題

1.店長對管理處、部長/處長的民意調查
2.物流部採購流程單
3.各部門標準流程的製作
4.預留工程款問題
5.收銀培訓計畫

執行長總結

1.分店對我們的抱怨是對我們工作的督促，大家不要氣餒
2.日本行收穫很多
3.管理處應計畫相關課程培育管理處人員，而不是一味的工作
4.聯繫周工，保證管理處網路連接
5.員工形象這幾天又有待改善
6.大漢口業績一定要達到100萬
7.裝修款的分扣
8.公司貸款已下來，但是要作規範用途
9.《公司手冊》電子檔的討論

與張婷談話

1.入股（見面會）流程的改善
2.日常工作的談論

與羅敏談話

1.日本行的相關費用

2.物流部貨車的配備&日常費用開支

3.發貨遲&貨品錯誤的抱怨——不要太在意抱怨，要想如何改善配送貨的流程

4.日常工作的探討

7月22日

與周義文談話

1.部長與督導的關係（解決個別部長和督導存在的矛盾，讓部長/處長瞭解督導的職能）

2.《公司手冊》的探討

3.管理方法的探討

與財務、小郭談話

與盛小莉談話

——大漢口店的相關問題

7月23日

陪同法國蝶佛吉老師

1.參觀總部（技術訓練）

2.午餐

3.髮源地剪髮觀摩

4.千禧園店參觀&實戰

5.參觀大漢口

7月24日

和駿總談話

——美容部虧損店問題

7月26日

與郭茜談話

1.近期工作

2.授權書&股東協議

與劉咏輝談話

1.近期展店進展

2.西安一店的問題

與財務部、電腦部、營運部開會

7月27日

陪同法國老師

——觀看影碟&椰島髮型

與駿總、張杏紅談話

1.美容部業績&利潤問題（今年與去年比較）

2.近期運作（8月活動）

與董事長、蝶佛吉老師和羅慧珍談話

1.未來合作開店&教育模式（9月份答覆）

2.大約在100㎡～150㎡

與財務談話

1.美髮美容投資匯總表

2.漂流活動（財務&美容）的安全問題要切記

工程造價表的修訂

1.增補造價總表

2.各部門簽字不許代簽（嚴格執行）

與陳華軍談話

1.法國老師此行的後續問題

2.髮型&模特的選取和拍照問題

3.光碟的製作&分店播放

與馮慧談話

——大廳裝置顯示幕，循環播放企業文化和流行髮型等

與李珊霖談話（共進午餐）

和李治國談話

1.爵士店款項問題

2.5、6月份員工薪資問題（爵士店新投入股資問題）

與財務核實爵士店相關款項事宜

1.後期裝修投入的18萬明細不清楚，之前初始帳45萬沒有做清算關帳動作

2.聯繫James召集會議

與思思、郭茜談話

——公司的運作&管理&工作的處理

與劉咏輝談話

1.爵士店問題

2.西安轉證問題

7月29日

與葉子談話

1.爵士店款項問題

2.分店宿舍租金/押金匯總表的製作

與李菲談話

——爵士店款項問題（提醒James下午的會議）

與周工談話

——軟體的相關問題&會議準備

與周工、張工、程博開會

與盛麗芳談話（共進午餐）

和張建軍談話

1.大漢口店設計師阿軍原香江店股份問題

2.曹總當初答應過香江店股份不退，但現在其在香江店的股份被要求退出

和葉子談話

1.法國之行的費用總結

2.精研升級問題

3.原西門町股東轉遷問題

4.每月分紅&工資表支出前憑證的簽署

5.爵士店款項問題

6.財務部新來會計的工作狀況——目前還可以

7.本月貸款問題

與葉子、徐總、James開會

1.分店各類相關檔案的整理、歸檔展示給美髮部

2.今後工程不驗收，10%的尾款就不予支付

3.目前財務運作的說明

4.爵士店款項問題的說明及解決辦法（明天成長店會議之後召開相關會議）

5.重慶區域管理處正式成立，將進行撥款動作

6.針對重慶區域兩個處長的問題，可能在管理處的運作及資金管理問題上有異議，正在尋求解決辦法和相關協調人

與馮慧談話

——近期在工作上遇到的問題及困難

7月30日

與美容部駿總、張杏紅、徐總談話

1.財務規範流程的說明

2.財務款項問題的說明

與駿總、張杏紅、盛曉麗、魯豔霞、羅敏談話

1.採購權的問題（除了物流採購部，其他各部門沒有採購權，更不要網購，以免發生不必要的問題）

2.產品問題

與張婷談話

——余英姿有關股份問題

和祝蘭蘭談話（共進午餐）

重慶九店教室問題

1.因門面過大，特分隔出部分作為教室用途

2.對重慶區域管理處的成立和運作絕對有影響——執行長和財務部都表示不贊同，但James表示影響不大，同意

與徐總、張杏紅談話

1.相關財務制度的說明

2.美容部獎勵制度的討論——緊密貼合業績目標

參加美容部店長/顧問全員大會（8月份活動布達）

——關於「業績目標和財務制度」的講話

2010

8月

8月2日

與郭茜談話

1.由店內意外事件引發的問題
2.是否為員工購買工傷保險/意外保險（集體&個人）
3.外出拓展等活動時，簽署相關協定？
4.法務要做的是事件的前置和防護動作，當事故發生，可將公司損失減到最低

收集上半年相關資料

——美容&美髮

與葉子、James、周國勇談話

和曹總一行前往盤龍城

與Lawrence、陳華軍談話

1.老師出差報銷制度
2.教育部日常工作&運作制度的說明

8月3日

出差事宜的安排

和周國勇談話

——「爵士店」案例，並進行相關財務說明

和美容部副處王萍談話（共進午餐）

與葉子、周義文談話

——廣八店

14：00～16：00 財務會議

1.西門町的相關問題作專案處理
2.後湖店收銀員貪污事件——現已停職
3.收銀員課程的總結
4.爭取8月6日取得本月貸款
5.工程款&股款的問題要釐清
6.加班問題&企業文化不衝突
7.和人事部的工作溝通
8.對外態度問題

8月4～6日

出差襄樊、十堰、西安

8月9日

參加美容會議

和財務談話

1.業績&利潤
2.損益表還是要做，顯示收支&利潤（投資報酬率可以押後）
——隨後還會和徐總溝通
3.出差報告

與劉咏輝談話

1.國廣店進駐事宜&前往國廣店
2.關店流程&協議（黃岡店為例）

與張杏紅談話

與徐總談話

8月10日

全程參加處長會議

與郭茜、李巍談話

1.展店流程
2.《商標授權》等相關協定的簽署

與葉子談話

1.財務系統升級——前置作業（不能展店動作在前，系統配備才跟進，而是要展店/營運跟著系統發展）
2.報表——專業

和陳華軍談話

1.教育部的運作和管理
2.商業髮型的相關討論

8月11日

與李菲談話

1.處長會議報表的改進
2.處長要配備電腦，並學會基本電腦運用
3.會議座位的安排
4.PPT範本要統一（已溝通企劃部正在修訂範本，隨後正式發到各單位統一使用）

與李炎誠、Mars談話

1.重慶辦事處的關心
2.管理&運作的討論——人員/業績/項目/報表/服務（增值）

與周義文談話

1.課程內容的討論
2.開店選址問題

入股見面會

與劉咏輝、思思談話

——外來投資人管理辦法

與武商相關人員會面

與企劃部王芳談話

——溝通關於修訂PPT統一範本事宜

8月12日

與葉子談話

1.出差重慶行程安排
2.重慶區域現狀（Mars負責的企劃案費用支出較大，準備收回企劃權，先由總部管理）

與張杏紅談話

——店內顧客投訴問題

與張婷談話

1.公司手冊
2.各級人員晉升標準&制度
3.員工檔案

與董事長談話

1.公司手冊問題

2.員工檔案事宜

參加物流部部門會議

入股見面會

與張工、周工等人談電腦系統

——4月後試行

8月13日

10：00～15：00 巡店

（水果湖店、廣八店、徐東店、武大店、武大二店）

發現問題：

1.環境衛生細節不到位（角落、沙發下、收銀台、樓梯、裝飾植物等）

2.經理管理能力較弱，責任心不強

3.外創人員在外抽煙聊天

4.裝修細節很粗糙（新店的一些樓道、鏡臺已有明顯破損情形）

5.美容產品管理缺陷很嚴重

15：00～16：00 召開美容/物流會議

討論關於「美容部產品管理」方案

1.現狀：產品對帳/進出貨有明顯漏洞

2.18日針對美容部產品管理召開相關會議/課程，對美容產品管理新方案進行課程教授——回店演練；物流/監察一起下店檢查執行情況

3.所有產品要鎖入產品櫃——配備產品管理員，與顧問、店長三人共同管理產品（進出貨、倉庫鑰匙保管人分開制，店長為總負責人）

4.美容部統一進行盤存，盤存結果即為今後的期初進貨量

5.手工顧客檔案也要全部鎖入櫃中，並製作統一板式的顧客消費檔案電子版

6.有人員調職或離職情況，需做明確的交接清冊

與曹華兵談話

——水果湖店股份問題

與張婷談話

——花橋店相關問題

與周工談話

——分店產品庫存管理系統

8月16～17日

北京清華講課

8月18～20日

出差重慶、成都

8月23日

出差報告

重慶

1.環境較過去好很多
2.一店樓上的美容可以做
3.配合公司政策
4.分紅現如期發放
5.電腦升級
6.授權書&股東協議
7.教育訓練中心的籌備
8.外購產品的問題
9.培訓學習
10.業績的鼓勵

成都

1.各店都比較穩定，環境也較好
2.美容的選址和拓展
3.波波準備去鄂爾多斯看市場
4.配合公司政策
5.分紅現如期發放
6.電腦升級
7.授權書&股東協議
8.教育訓練中心的籌備
9.外購產品的問題
10.業績的鼓勵

西安她雅進駐的相關事宜

——劉咏輝後續跟進

與James談話

1.出差的相關問題
2.波波的拓展趨勢
3.西安她雅

與董事長、周工等人開會

1.西安問題
2.分店相關標準
3.資金的運作&開店進度
4.流行線的相關問題
5.張杏紅的相關問題
6.成都&重慶——波波
7.外購&假產品
8.店內冒領離職人員工資問題

處理光谷二店砍傷事件墊支事宜

——要求店內股東簽署同意書

與周工談話

——電腦系統問題

與蔡芳談話

1.工作現狀
2.學習的狀態
3.長遠的目標&眼光

8月24日

10：30 召開火險緊急會議

1.走線非常不專業，存在很多安全隱患
2.周五14：00之前全面檢查&修復
3.聘請專業水電工（有執照者）
4.毛坯房需正規裝修後投入使用，否則退租
5.教育部教室要簽署責任人
6.近期進行火災演練（逃生、滅火器的使用等）

與Lawrence談火險問題

1.意識到自我錯誤
2.儘快整改&學習
3.聘請專人（快）

參加美容處長會議

與財務討論「公司總投資」相關問題

與徐總談話

1.公司財務運作&報表
2.管理費的相關問題——清清楚楚告知各位部長、處長等明細
3.討論相關預留款項

8月25日

與駿總談話

1.美容部運作
2.拓展方向

與張婷談話

1.出差報告
2.員工意外傷害管理制度
3.入股資格/條件的擬定

與葉子談話

1.財務系統升級相關問題&費用
2.關店（黃岡）的相關費用

與劉咏輝談話

1.西安後續事宜
2.下半年開店計畫
3.關店流程

黃岡店

1.員工所退的相關款項是否落實到位
2.關店流程要儘快完成

與董事長談話

和張軍談話

與Lawrence談話

1.拓展方向
2.作戰方針
3.企業發展運作&管理

8月26日

10：00～12：00 與葉子、張婷談話

——討論關於「股份分配、入退股等」各類問題&流程

1.新店股份分配流程

2.老股東股權異動流程

3.退股流程

4.繳納股款的相關辦法

5.異動表的修訂

6.財務收據的修訂

15：00～16：00 與周工、葉子、張婷討論以上問題

16：00～17：00 財務會議

徐總

1.工程款的簽署——一定要對工程進度有所瞭解

2.投資股款/預算

3.保密管理

人事部與財務部關於「入退股流程」的銜接溝通

執行長

1.年底前展店計畫對於資金的運作情況

2.關帳流程

3.財務報表

4.分紅/薪資表一定要董事長/執行長簽字

5.股款未交（齊）問題——一定要通知/提示

與Lawrence、張婷談話

——入退股流程

與徐總談話

——財務運作

8月27日

9：00～11：00 管理處全體大會

1.各部門工作報告

2.PPT統一範本

與郭茜、思思談話

1.財務會計師的合同擬定

2.會議報告的重要性

與郭茜、張婷談話

——員工意外保險管理制度

與董事長談話

——西安的相關事宜

與周義文談話

——分店員工抱怨

與陳敏談話

——近期狀況

美髮/美容部針對8月份活動舉行表彰大會相關事宜的討論

處長、部長等人的考勤問題

——特殊原因要提前說明，否則還是要處罰

8月30日

與郭茜談話

1.出差事宜

2.美容部會員卡辦理條款的最後敲定

與葉子談話

——關於「分店工資發放相關問題」

與威娜湖北代理商談話

1.15日的美髮論壇相關事宜

2.如若有合作，歡迎洽談，但絕對不需要回扣之類的回饋

與董事長、James、曹華兵談話

——James和周義文定期出差西安的相關事宜

14：30～17：00 參加美髮部準師班畢業典禮

與張婷談話

——教育部增補人員事宜

與陳華軍談話

1.準師班培訓

2.新入職設計師培訓

3.燙染師培訓

與駿總談話

——30萬安婕妤打款事宜

與馬總談話

——收銀問題

2010

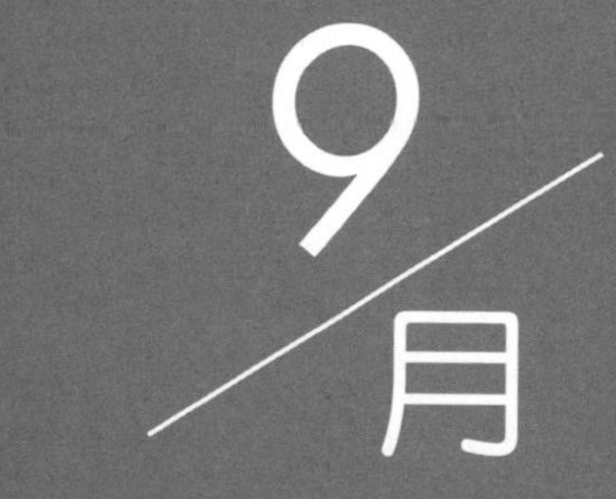

9月1日

1.處理小勇太原店的股份問題
2.財務總監的任命
3.與徐總進行資料分析&討論財務系統的調整
4.查閱西安馬總的報告
5.與James、周國勇、陳華軍討論教育部老師的工作&股份問題
6.與董事長、James、周國勇討論美髮部組織架構&營運問題
7.與劉咏輝討論進駐摩爾城事宜（找專才寫相關企劃案）

9月2日

1.與美容部總經理/部長/處長總結8月業績
2.與羅敏、劉慶談話
　① 美髮部8月表彰大會獎品預算
　② 獎品（供應商）的真實性
　③ 要找有正規公司的
3.與周工討論金蝶軟體/劃卡系統的問題
4.與徐總談話
　① 美容部會議的參與
　② 相關報表的討論
　③ 後期工作的安排
5.處理百帝苑店分紅問題

9月3日

1.參加美容店長/顧問會議（財務總監報告）
2.與孫小勇談話

3.處理冷軍處的合同相關問題

4.總經理/部長出差行程表的相關資料收集

9月4日

1.與朱江談話——股份問題

2.與大漢口阿勝談話

9月7日

1.參加管理處晨會

2.與盛小莉、財務部談話

①美容美髮水電分開&報帳事宜

②美容項目手冊的說明

3.安排明天巡店事宜

4.與徐總、葉子和張婷談話——關店的股份&帳務問題

5.與董事長、劉咏輝和郭茜談話

①流行線收購問題

②武漢天地某門面承租問題

6.與徐總、葉子談話

①分店的罰款（開會/監察等）按美髮&美容分開，全部入財務帳戶，並專款專用

②美髮&美容的相關活動費用即可從此申請支出

9月8日

1.巡店（徐總、葉子、思思）——育才、統建、後湖二店（杜總）

2.與郭茜談話——討論美容顧客投訴案例相關問題

3.個別外地（因入股臨時改期，已抵漢）員工入股見面

4.與張婷談話——管理處前臺工作職責&所屬部門的問題

9月9日

巡店（葉子、郭茜、思思）

1.香港北路店、取水樓店、同濟店、武廣店

2.香港北路店、武廣店相對較差

與劉咏輝、葉子、郭茜談話

1.胡玉泉需簽相關協議的討論及草擬

2.盛小莉方面提出水電分開問題的討論

9月10～11日

請假

9月13日

1.與陳華軍談話

2.與Lawrence談話——人事檔案管理&教育部管理工作

3.與駿總、盛小莉、劉咏輝、葉子談話——大漢口店水電事宜

4.竹葉山店會議（竹葉山店眾股東、劉咏輝、李治國、葉子、周工）

① 本月一次性劃掉去年至今異店劃卡金共8萬多

② 現有股東不願承擔舊帳

③ 現向管理處提出兩點：全額退還其劃掉的8萬多；若不同意，則要求全額退股

5.與財務討論黃岡店、群光店等關店的相關股份問題

6.與許剛談話

① 受傷時無人看望（除了部長、處長）

② 開店被否決是何原因？

7.與周義文、冷承剛談話——深圳處關於監察的相關問題

8.與常明紅談話

9月14日

1.參加美髮表彰大會

2.與胡明談話——明年準備回武漢後的計畫&管理策略等

3.與小勇談話——西門町的股份問題&展店戰略

4.與魯豔霞談話——相關款項&本月工資相關問題

5.與張婷談話——進退股（讓股）的流程

6.與馮慧談話——原高雄店股份問題&找人事部處理問題，態度惡劣

7.與駿總、張杏紅、張婷談話——王萍的股份問題

9月15日

1.召開財務會議

2.處理重慶區域收銀員獎金漏發事宜

3.與Lawrence談話

4.與安娜談話——其所管轄分店相關問題

5.與夏雨談話——業績&監察的相關問題及管理方法

6.與徐總談話

9月16日

1.接待成都來訪學生&旁聽新進經理課程

2.與駿總、張杏紅談話

① 美容部運營&架構管理

② 美容與美髮一起開店的股份分配問題

3.參加美容部新進學員畢業典禮

4.處理美容部太原店補發員工工資事宜

9月17日

參加管理部「標準化流程」會議

1.各部門作業標準須文字化並歸檔

2.財務報銷的授權標準

3.工程驗收/監理標準

4.物流部作業標準流程（減少重複動作）

5.拓展部為門店關於辦證的標準流程

6.供應商合同管理

7.美容監察手冊（店內各類標準都已實施並且落實到位）

與周義文談話

1.西安出差事宜

2.分店管理手冊

向董事長彙報近期工作&安排

9月18～23日

請假4天

9月24日

下午上班

9月27日

1.與思思談話——10月份作2011年年度計畫會議的安排&西安出差報告

2.處理美容部相關分店工程（裝修）問題

3.和小白談話——選秀事宜的流程安排&各部門職責的分工

4.與徐總、盛雷談話

5.與羅敏、丁玲談話

① 管理處採購流程（1000元以上物流部統一採購，不得私自進行）

② 監察部現私下購買兩台相機共計2800元

6.收銀員課程演講

7.與貓總談話

8.與曹總、徐總、羅敏、倪飛談話

9月28日

1.與張婷談話

① 蘇平與梁俊、曾師傅的糾紛處理結果

② 管理處人員編制問題&人員招聘的把關

③ 重慶新店的股份分配

2.與劉咏輝談話

① 拓展流程的升級（會議討論）

② 展店選址的方法&技巧

3.與陳華軍談話

① 教育部人員的聘請

② 員工檔案的建立計畫

③ 出差報銷制度

4.與魯豔霞談話——產品採購的相關問題

5.至董事長辦公室談話

6.處理教育部人員外派學習的相關事宜

7.相關分店店長簽署授權書的問題（加緊所有人都簽署完畢）

8.與周義文談話——對外地市場的看法

9月29日

1.與思思談話

① 召開小組討論會，擬出2011年年度計畫大綱

② 定出下月年度計畫部門討論會具體時間（3次）

2.與葉子、郭茜談話

① 分店上傳報表的問題（店長不關注報表）——發函強調說明

② 擬定關於新辦公大樓的相關協議&法務建議

3.與劉慶談話——會員卡的設計問題

4.與程博談話——工作性質的問題

5.與周工談話——部門人員配置、分工問題

9月30日

1.給昆明二店員工（10月2日離開管理處）講話
2.與張婷談話——水果湖店的相關股份異動
3.與陳華軍談話——太原六店股份事宜
4.與孫小勇談話
① 7/8月份考勤問題
② 太原選址&股份問題
③ 作戰方針&策略
5.擬文「企業文化——紀律嚴明，杜絕消極腐敗」
6.與羅敏談話
① 管理處人員採購流程&標準
② 管理處人員收受廠商禮品事宜
7.與曹總談話
① 反腐倡廉公約
② 企劃部的歸屬&管理
8.提出「請病假的工資扣款」問題
9.至董事長辦公室談話（17：00離開）

2010

10/月

10月1～4日

休息

10月5日

召開2011年年度計畫第一次討論會

10月6日

1.討論各部門預算編列事宜
2.討論明年年度計畫相關事宜
3.與張婷談話——總部人員股份分配辦法&員工出國福利分配辦法
4.與西安馬總通話
5.與駿總談話
① 物流美容配貨不及時
② 申請特分配1名美容物流專員負責美容配發貨
6.叮囑相關各類協定的簽署
7.與徐總、Lawrence談話——外地學習車費報銷制度&購票制度（送票費30元問題）
8.與李珊霖談話
9.接待威龍公司、首比學校一行

10月7日

1.與駿總、張杏紅談話——人員&組織架構問題
2.與葉子談話——財務報表的相關問題

3.參加美容部&物流部會議

① 美容部強烈建議物流部分派1名專員管理美容貨品

② 物流部專家認為「十一」美容配貨不及時是個案，且美容部與物流部交接不及時，應從物流系統這一根本問題上解決，並已有基本的想法和流程

4.前往田田基地——湖北省內店長商業髮型班

5.與李治國談話

① 新華家園店髮型師因將顧客耳朵剪傷招致毆打事件

② 大漢口與竹葉山店的異店劃卡事宜

6.與董事長談話

7.與張婷談話

① 貴陽相關新店的股份問題

② 出差標準&制度

召開電腦部會議

1.簽署保密協定

2.研發電腦系統

3.電腦部人員工作分配

4.保證總部&分店電腦系統的正常運行

5.新辦公大樓的網路

6.遠端教育

7.電腦部計畫和財務部合辦收銀員專業培訓班

10月8日

與徐總、劉咏輝、張婷談話

1.貴陽相關新店的股份問題

2.工程預算的問題

3.進出帳問題（一定要先進財務帳，再由財務打支出）

4.資金的合理利用

與徐總、劉咏輝談話——新展店借支相關程序&財務體系

簽署《反腐倡廉公約》

與郭茜討論相關合同、協議的問題

10月11日

與Lawrence談話

1.重慶區域相關問題

2.標準化會議相關問題

3.防火安全問題——防火意識、處理流程、組建應急小組、通報系統

準備處長會議內容

與劉咏輝談話

1.新展店相關問題

2.門面確定後，股款繳納之前所需費用從何處出？

產生矛盾：這時繳款項的人最後不一定能成為股東；

討論後決定：此時款項為暫收款，由店長統一收取，統一繳納，若日後相關款項繳納人未成為股東，店長再統一發還

與周義文談話

1.發展戰略

2.廣八店股份問題

3.年度計畫相關事宜

新店造價表的相關問題

至董事長辦公室參加財務會議

與郭茜談話——討論相關合同問題

與羅敏談話

——Matis的合同問題（採購）&工服相關問題（為何那麼貴？）

10月12日

1.整理處長會議內容

2.處理王林事件——與王林、羅偉奇、張婷、郭茜開會

3.參加美髮部全國處長會議

4.參加美容部&電腦部會議——美容部（顧問）工資系統

5.與羅敏談話——毛巾

6.與李炎誠、Mars談話——重慶區域的管理問題&新店合同相關問題

7.與張婷談話

① 外地店部長（處長）回漢開會（學習）相關費用的報銷

② 物流部&美容部前往廣州簽署相關合同費用報銷問題（為什麼不來我公司簽？）

8.與波波、李炎誠、田朗、尹晶協商處理重慶10店股份問題

9.和波波談話——企業管理

10月13日

處理王林事件

10月14日

前往田田基地（外地店長商業髮型班）

10月15日

1.召開2011年年度計畫第2次討論會
2.與劉咏輝談話——展店的相關事宜
3.與徐總談話——年度計畫相關問題&款項簽署授權問題
4.與郭茜討論相關合同問題
5.處理香港北路店的工資問題——發不出工資，需找管理處借支

10月16日

1.與馬總談話——處理西安新店借支問題
2.與劉咏輝談話

10月18日

1.與董事長談話——明年的架構&規劃
2.參加物流部&電腦部會議
3.與James、周國勇開會——明年架構&計畫
4.安排波波到管理處上班事宜
5.與周義文談話

10月19日

1.接待孫律師，並與董事長確認孫律師（民事糾紛）、王律師（公司體制）為公司法律顧問

2.與人事部張經理談話——解決張濤股份事件（完成）

3.與Lawrence談話——公司年度計畫&公司管理處管理問題

4.與董事長談話——商標註冊

5.與董事長秘書彭思思談話——選秀

6.與電腦部周工談話——電腦軟體發展

7.與拓展部劉咏輝談話——原髮源地開店主管有意加入椰島

8.企業重要事務規劃——公司資金、董事會等

9.聯絡法國羅小姐

10.與冷軍部長談話——冷軍部旅遊事宜

11.見太原三店經理股東

2010

11月

11月3日

1.與徐總談話——財務系統的運作&人員支持
2.與張婷談話
3.至董事長辦公室談話
4.追蹤年度計畫的進度
5.巡店（聯合服務中心）

11月5日

1.召開第三次年度會議
2.至董事長辦公室談話
3.準師班講話
4.和小郭談話
5.討論毛巾廠買車事宜
6.處理西安新一店股份問題

11月6日

1.與蘇平討論理工大店員工傷人事件引發的公司出資賠償3000元事情——美髮部否決公司出資
2.與郭茜討論相關法務條款
3.追蹤年度計畫事宜
4.展店流程的探討
5.與董事長、James、黃波波、周國勇談話
6.處理貓總方面股份問題

11月8日

與葉子、郭茜討論貴陽培訓教室的租賃問題

1.不要涉及任何辦事處或分公司的事情，僅做為教室之用
2.教室的租金可以匯款

與黃波波、周義文談話——探討西安的相關問題

11月9日

1.與小郭談工程合同問題
2.與財務部、人事部討論因事故產生的賠償費用相關報銷制度
3.巡店（聯合服務中心）

11月10日

1.與駿總、但熊、張婷討論美容教育部相關問題
2.香港北路店相關股份問題
3.與波波討論工作
4.與周工討論電腦系統

11月11日

1.與徐總談話——討論財務會議相關報告&相關財務問題
2.財務例會

11月12日

1.與黃波波、小郭談話——討論分店維修相關問題
2.與魯豔霞談話——討論新店培訓來漢租宿舍交付1000元押金的問題
3.與黃波波、周國勇談話
4.入股見面會
5.參加新教學大樓用電討論會
6.與周工談話

11月15日

1.參加美髮部虧損店會議
2.與董事長談話
3.與馮慧討論雙休事宜
① 人事部在未通知馮慧的情況下，通知前臺實行雙休
② 現今需要前臺取消雙休，引起爭端
4.關注海南山寨椰島事件
5.簽署個人協定

11月16日

1.參加美髮全國處長會議
2.美髮各部（處）損益表的修訂
3.與周工討論系統
4.追盯簽訂個人協議事宜
5.與董事長談話——購樓合約問題&工作報告事宜
6.參加美容店長顧問會議

11月17日

與郭茜談話

1.租賃合同的更改（下令強制執行）

2.營業執照的更改（下令強制執行）

3.應急事故處理流程

參加工程部會議（工程部&工程隊人員）

1.對施工隊的施工要求及懲罰

2.店內維修的要求及懲罰

11月18日

與劉咏輝談話

與徐總、郭茜談話

1.授權書相關問題

2.證照問題

3.分店/宿舍安全問題

4.稅收問題

11月19日

與張杏紅談話

與徐總談話——財務資料分析&財務現金流量

與劉咏輝談話

1.冷軍光谷展店事宜（要同時再拿兩家門面）

2.執行長和劉咏輝均表示不太妥，開店太集中無太大意義，但James表示「部長說開就開」，認為店越多越好

3.聯絡James討論此事

與羅敏談話

1.利濟路店招牌翻新價格過高（28200元）

2.為何物流部沒參與議價？

3.聯繫小郭，說明是店長韓忠自己議價的，有材料清單

4.物流部一定要參與議價，至少找兩家

11月22日

與羅敏談話

1.利濟路店招牌翻新事宜（可以動工）

2.工程進度過程中，物流部和工程部負責範圍需釐清

3.工程議價一定要物流部參與

與曹總談話

與郭茜談話——企業的安全管理

與張婷談話——外地辦事處的編制&相關費用的報銷問題

11月23日

與周國勇談話

1.如何提高工作及溝通效率

2.會議制度&上班模式（武漢市內處長級以上每天早上9點到管理處上班半小時，進行昨天工作報告及今天工作計畫說明）

處理重慶11店股份分配

1.增加店內一線設計師的股份

2.不相關人員儘量不要分股

和曹總外出

11月24日

1.參加美髮部洗吹大會

2.與周義文談話——西安相關問題

3.與葉子談話——出資購樓事宜

4.與陳華軍談話——教育部的職能轉變&如何才能突破瓶頸

11月25日

與徐總談話——分店用氣成本&安全問題

與李菲、郭茜談話——菱角湖萬達店商標問題

處理分店名片大批印刷錯誤問題

1.錯誤名片一律收回，不能用筆修改後再使用

2.當事人要接受處罰（李菲）

11月26～27日

請假

11月29日

入股見面

1.股東基本資料填寫不全

2.業績排名資訊經常有誤

與楊毅談話

與馮慧談話

1.辦公室丟東西事件負責人的確定

2.賠償制度

與張婷談話

1.辦公室物品（相機）丟失問題

2.馬場角店員工回大漢口事宜（「黑名單」）

3.退股事宜

處理大漢口投訴問題

法務方面協議的處理

法國行事宜

1.與周國勇探討

2.聯絡羅惠珍小姐

11月30日

與劉咏輝、盛麗芳談話

1.華師店關店事宜

2.如果美容關店，美髮勢必也堅持不了

與周義文談話——年度計畫事宜

與徐總談話——分店刷信用卡問題

與James、劉咏輝談話——拓展方向&戰略方針

2010

12月

12月1日

年度計畫小組討論會

1.各部門計畫匯總

2.編訂成冊後發給哪些人？

3.後期的修訂

與劉咏輝、黃波波談話——卡金的預留問題

觀摩美容部Matis培訓

12月2日

年度計畫第四次討論會

和黃波波、周義文談話——管理知識&工作情況

處理關於稅務局的相關問題

1.辦公室安全措施

2.稅務局交涉

12月3日

處理辦公室應對稅務局事宜

結語

2012年2月底是我在美麗椰島擔任執行長的最後一天，工作日誌也告一段落（很遺憾的，有部分的日誌內容已遺失）。完成了這件事，就像航行海洋的大船回到港口，靠岸了，航海日誌畫上句點。

回首這段期間的航程，時而風平浪靜，時而暗潮洶湧，時而驚濤駭浪，所幸在船上的每個人能同心協力，才安然度過每一次的挑戰，讓我們可以在大海航行時，欣然仰望穹蒼裡的繁星點點，愉悅欣賞碧海中的波光粼粼。

誠然，船過水無痕；但，凡走過必留下印記。這不是我一個人的印記，是我們在這同一條船上每個人的腳印，是步履穩重且堅實的腳印。

椰島在穩定中成長發展，各個部門逐步運作成熟，任務完成，是交棒的時刻了，在這本工作日誌畫上句點之時，我心中充滿感激。

I LOVE椰島！YES I DO，將揚帆繼續前行！

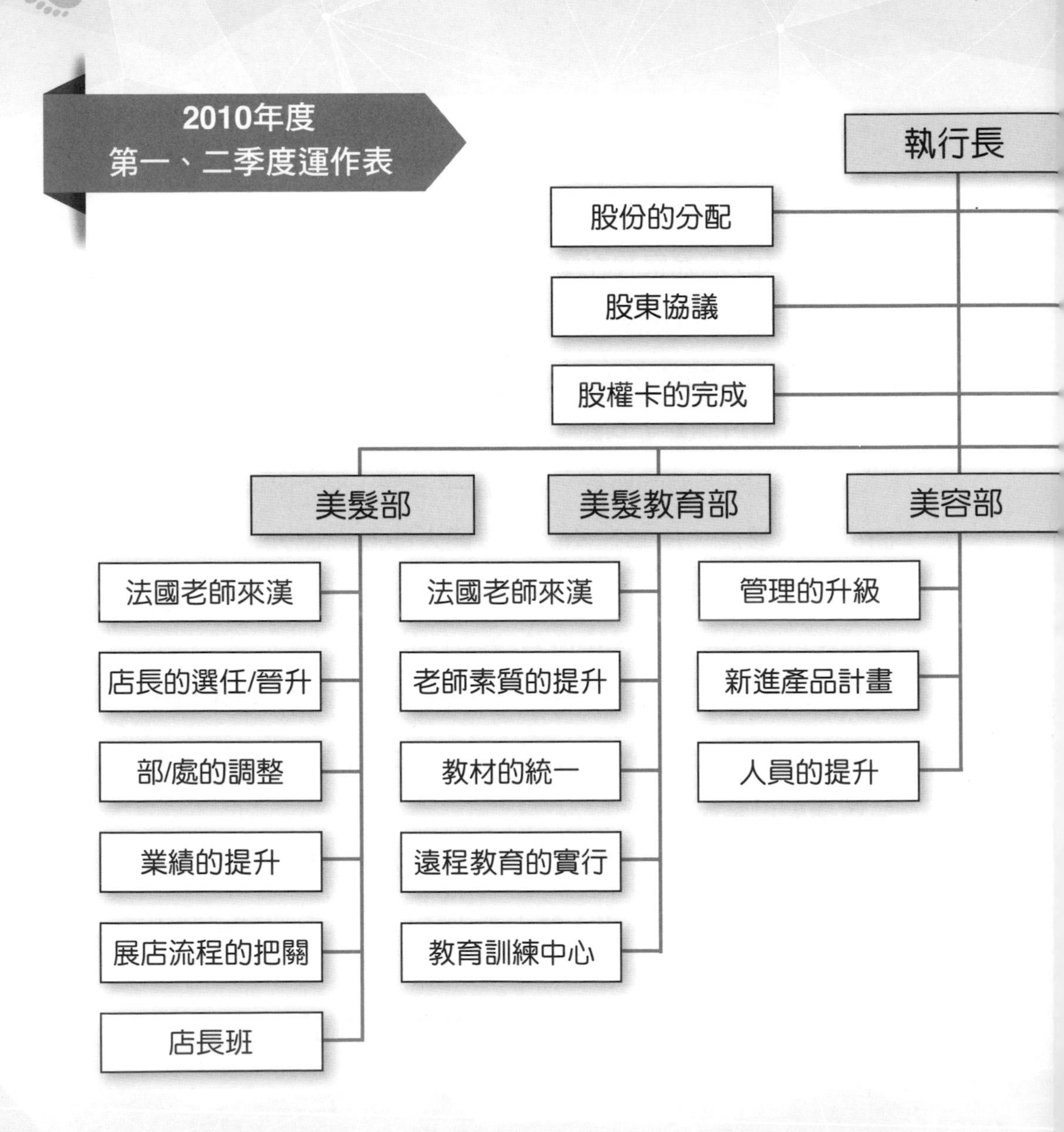
2010年度
第一、二季度運作表
執行長
股份的分配
股東協議
股權卡的完成
美髮部
美髮教育部
美容部
法國老師來漢
店長的選任/晉升
部/處的調整
業績的提升
展店流程的把關
店長班
法國老師來漢
老師素質的提升
教材的統一
遠程教育的實行
教育訓練中心
管理的升級
新進產品計畫
人員的提升

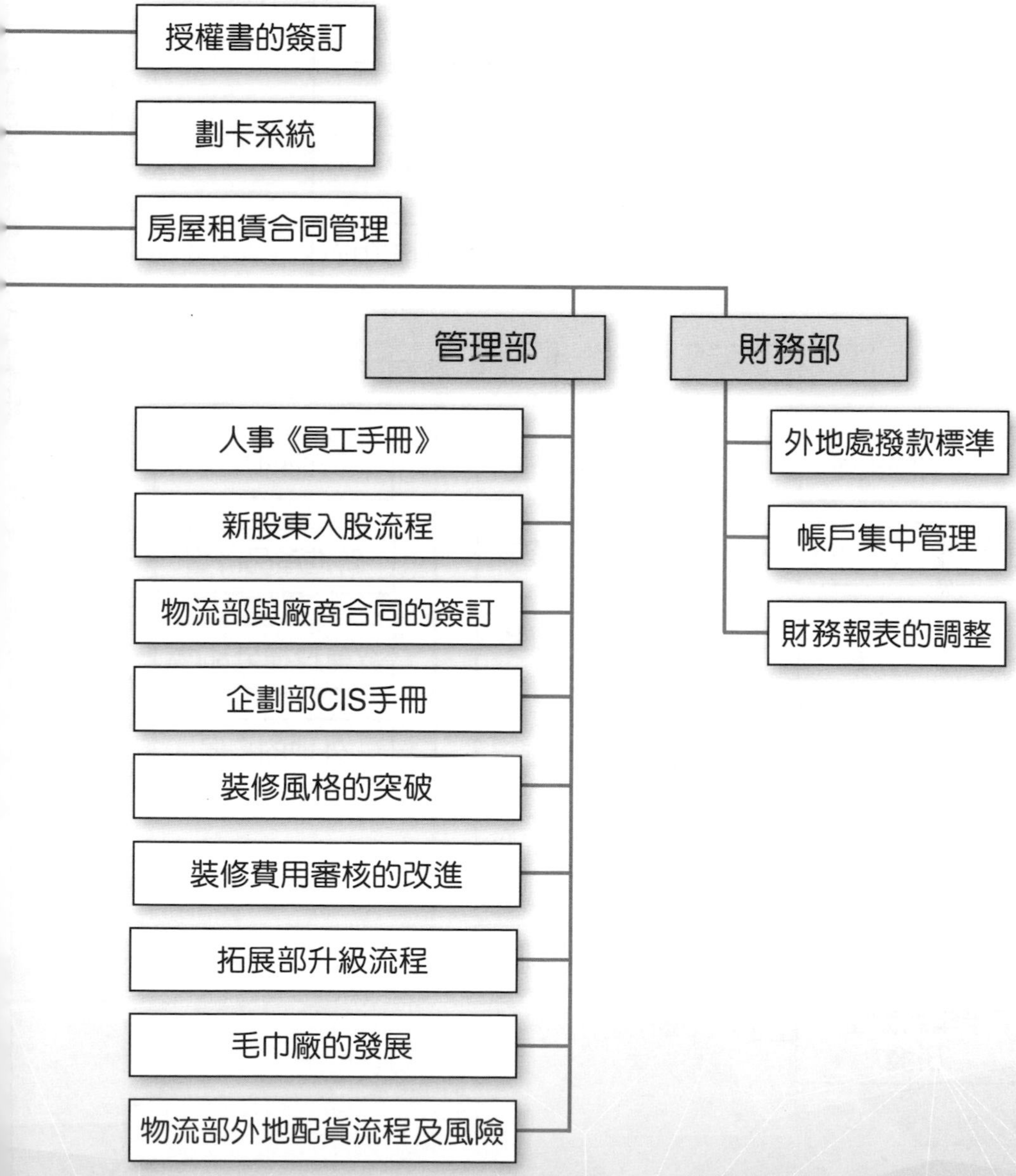

授權書的簽訂

劃卡系統

房屋租賃合同管理

管理部

- 人事《員工手冊》
- 新股東入股流程
- 物流部與廠商合同的簽訂
- 企劃部CIS手冊
- 裝修風格的突破
- 裝修費用審核的改進
- 拓展部升級流程
- 毛巾廠的發展
- 物流部外地配貨流程及風險

財務部

- 外地處撥款標準
- 帳戶集中管理
- 財務報表的調整

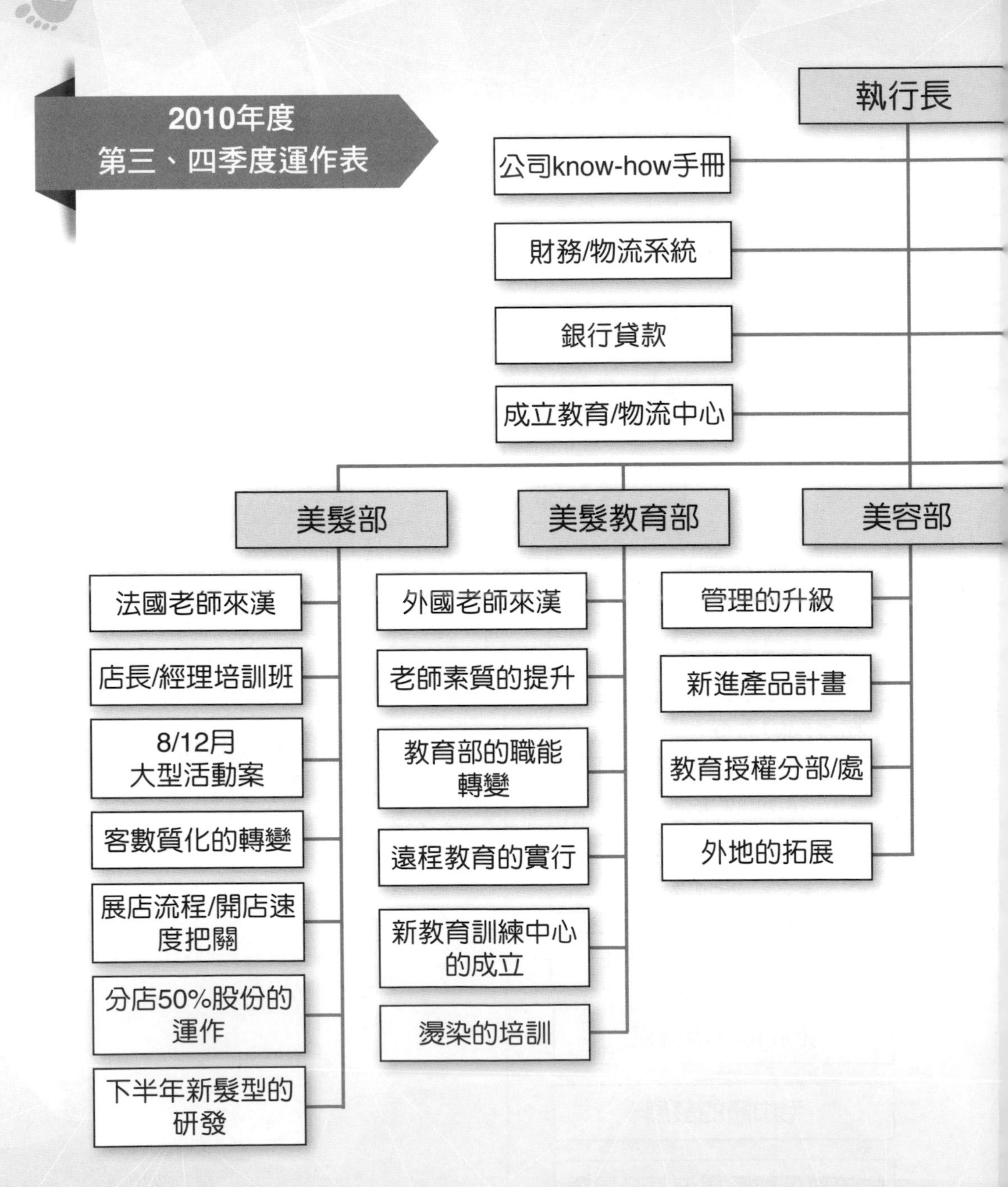
2010年度
第三、四季度運作表
執行長
公司know-how手冊
財務/物流系統
銀行貸款
成立教育/物流中心
美髮部
美髮教育部
美容部
法國老師來漢
店長/經理培訓班
8/12月
大型活動案
客數質化的轉變
展店流程/開店速度把關
分店50%股份的運作
下半年新髮型的研發
外國老師來漢
老師素質的提升
教育部的職能轉變
遠程教育的實行
新教育訓練中心的成立
燙染的培訓
管理的升級
新進產品計畫
教育授權分部/處
外地的拓展

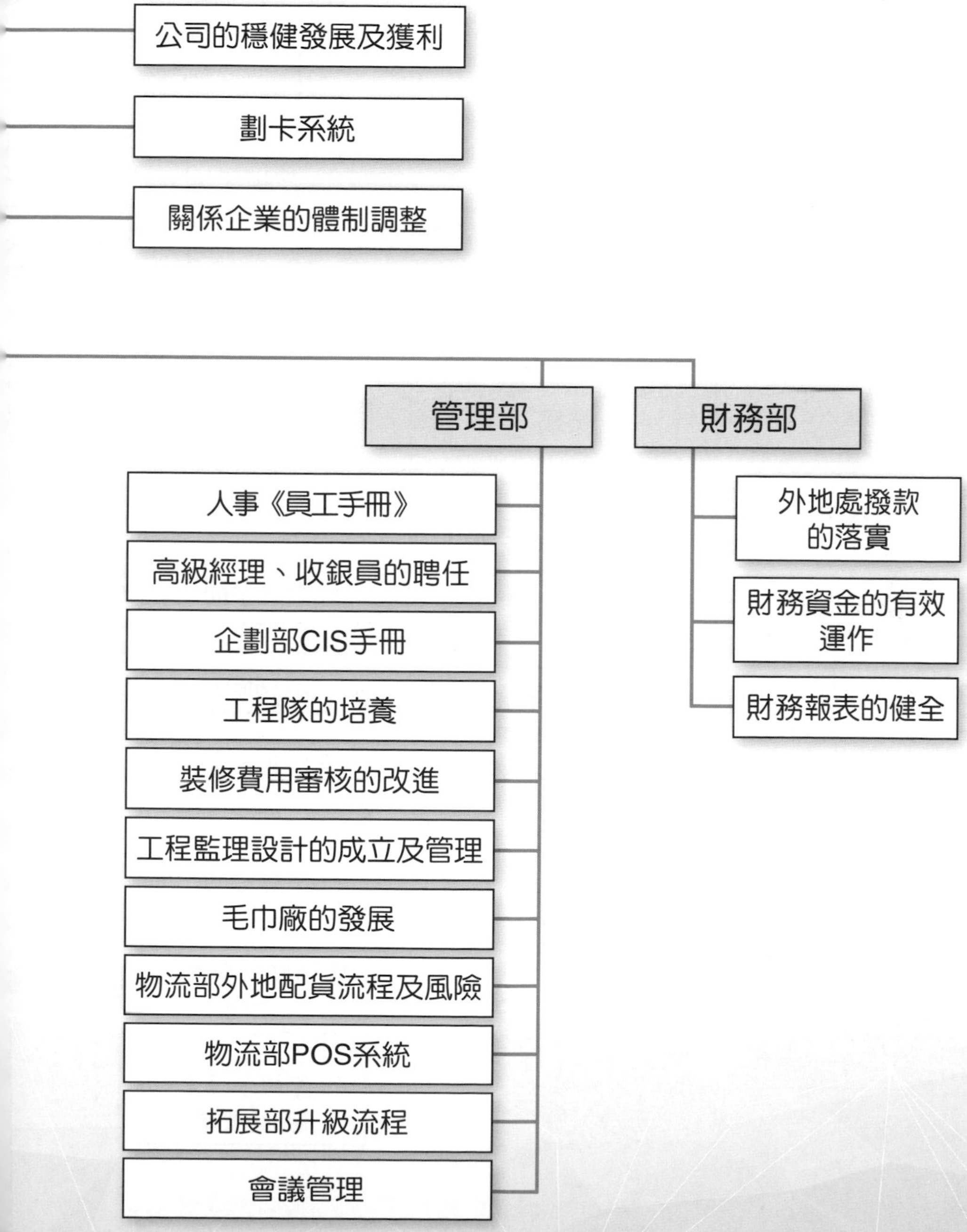

公司的穩健發展及獲利

劃卡系統

關係企業的體制調整

管理部

- 人事《員工手冊》
- 高級經理、收銀員的聘任
- 企劃部CIS手冊
- 工程隊的培養
- 裝修費用審核的改進
- 工程監理設計的成立及管理
- 毛巾廠的發展
- 物流部外地配貨流程及風險
- 物流部POS系統
- 拓展部升級流程
- 會議管理

財務部

- 外地處撥款的落實
- 財務資金的有效運作
- 財務報表的健全

足跡

2011年度計畫

4S
美髮部
美容部
管理部
展店
業績
晉升標準
店長/經理手冊
監察手冊
會議標準
促銷案
展店
業績
晉升標準
項目手冊
促銷案
人力資源手冊
物流採購標準
物流軟件系統
CIS手冊
公司簡介
客戶投訴服務流程
安防守冊
意外及危機處理手冊
工程施工/驗收標準

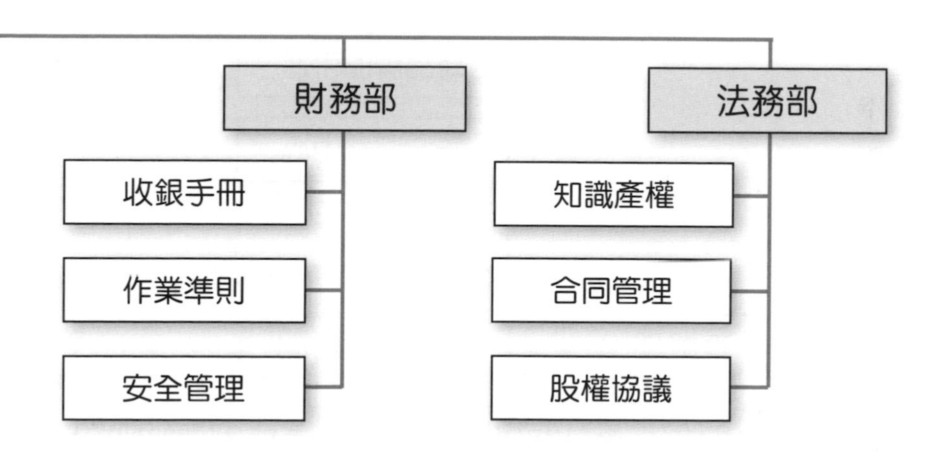

1.提高各職能部門工作效率，完善結構體系
2.促進管理處內部溝通協調
3.以分店為中心，深化管理處與分店的雙向交流

足跡

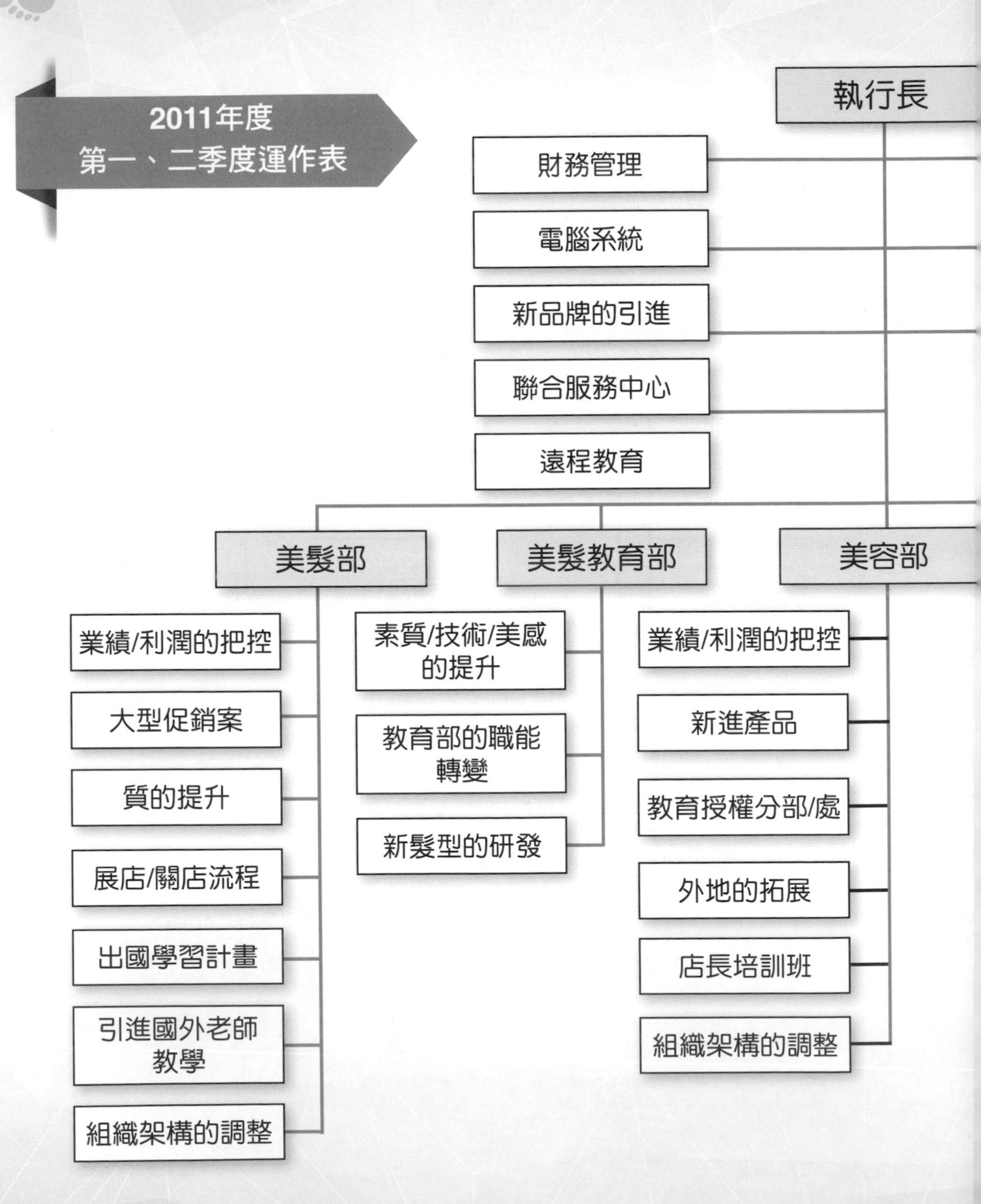
2011年度
第一、二季度運作表
執行長
財務管理
電腦系統
新品牌的引進
聯合服務中心
遠程教育
美髮部
美髮教育部
美容部
業績/利潤的把控
大型促銷案
質的提升
展店/關店流程
出國學習計畫
引進國外老師教學
組織架構的調整
素質/技術/美感的提升
教育部的職能轉變
新髮型的研發
業績/利潤的把控
新進產品
教育授權分部/處
外地的拓展
店長培訓班
組織架構的調整

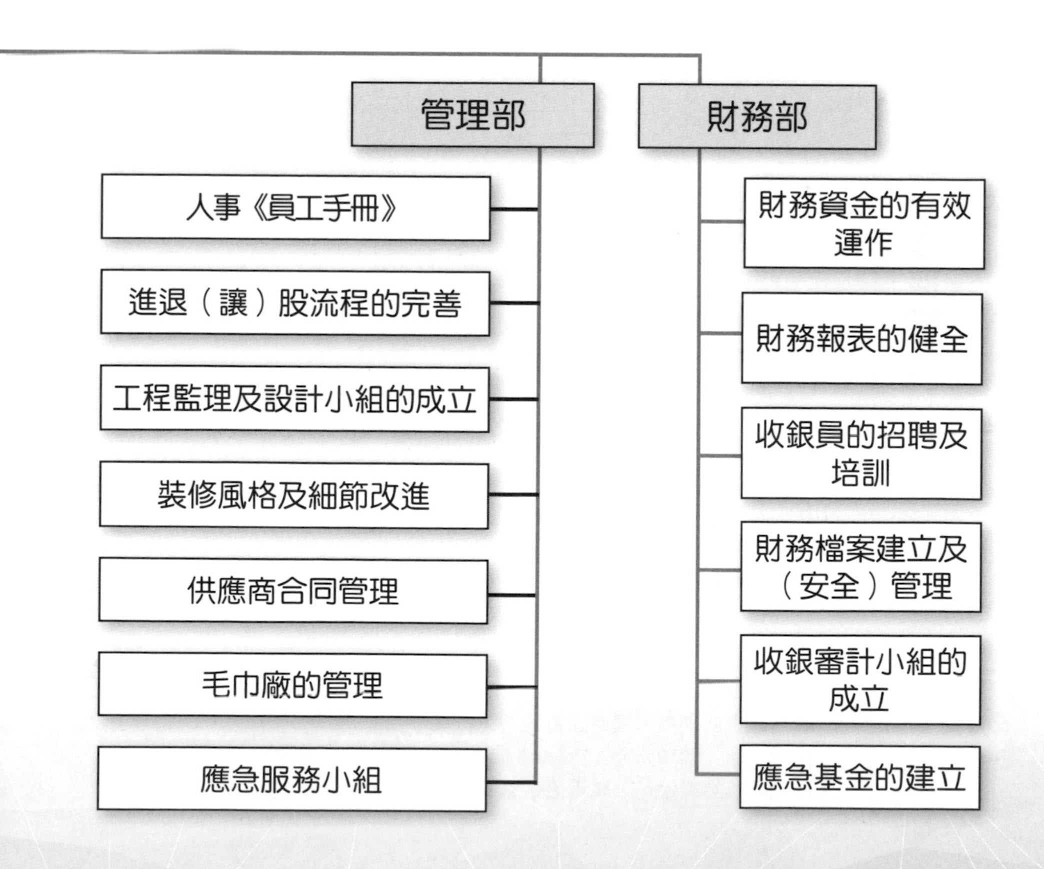
公司的穩健發展及獲利
法務管理
人力的管控
新辦公大樓
管理部
財務部
人事《員工手冊》
進退（讓）股流程的完善
工程監理及設計小組的成立
裝修風格及細節改進
供應商合同管理
毛巾廠的管理
應急服務小組
財務資金的有效運作
財務報表的健全
收銀員的招聘及培訓
財務檔案建立及（安全）管理
收銀審計小組的成立
應急基金的建立

國家圖書館出版品預行編目資料

足跡：美容美髮業管理實錄 / 許瑞林著. -- 初版. –
新北市：金塊文化, 2020.06
面； 公分. -- (Intelligence；11)
ISBN 978-986-98113-6-1(平裝)
1.美容業 2.美髮業 3.服務業管理
489.12 109007652

Intelligence 11

足跡——美容美髮業管理實錄

金塊文化

作　　者：許瑞林
發 行 人：王志強
總 編 輯：余素珠
美術編輯：JOHN平面設計工作室

出 版 社：金塊文化事業有限公司
地　　址：新北市新莊區立信三街35巷2號12樓
電　　話：02-2276-8940
傳　　真：02-2276-3425
E-mail：nuggetsculture@yahoo.com.tw

匯款銀行：上海商業銀行 新莊分行（總行代號 011）
匯款帳號：25102000028053
戶　　名：金塊文化事業有限公司

總 經 銷：創智文化有限公司
電　　話：02-22683489
印　　刷：大亞彩色印刷
初版一刷：2020年6月
定　　價：新台幣360元

ISBN：978-986-98113-6-1（平裝）